信息科学技术学术著作丛书

深度学习神经网络设计及案例研究

〔美〕Daniel Graupe 著

周志杰 贺 维 韩晓霞 胡冠宇 译

科学出版社

北 京

图字：01-2018-5229

内 容 简 介

本书主要对深度学习神经网络模型的设计与应用进行研究。首先，对深度学习神经网络理论的发展历史、基本概念进行回顾。然后，对深度学习神经网络衍生出的反向传播神经网络、卷积神经网络、大内存存储与检索神经网络进行深入分析。通过20个实际应用案例，对不同结构深度学习神经网络的优缺点进行比较，总结这些神经网络在不同领域的应用优势。最后，给出所有应用案例的核心代码，方便读者在这些代码的基础上，完成相应深度学习神经网络模型的设计和重构。

本书可供从事深度学习神经网络相关专业研究人员和工程技术人员阅读参考，也可以作为人工智能、复杂系统建模、机器学习等专业的研究生教材。

图书在版编目（CIP）数据

深度学习神经网络设计及案例研究/(美)丹尼尔 · 格罗彼(Daniel Graupe)著；周志杰等译. —北京：科学出版社，2021.9

(信息科学技术学术著作丛书)

书名原文: Deep Learning Neural Networks:Design and Case Studies

ISBN 978-7-03-069765-3

Ⅰ. ①深…　Ⅱ. ①丹…②周…　Ⅲ. ①机器学习②人工神经网络　Ⅳ. ①TP181②TP183

中国版本图书馆 CIP 数据核字（2021）第 186550 号

责任编辑：魏英杰 / 责任校对：郭瑞芝

责任印制：吴兆东 / 封面设计：陈　敬

科学出版社 出版

北京东黄城根北街 16 号

邮政编码：100717

http://www.sciencep.com

北京中石油彩色印刷有限责任公司 印刷

科学出版社发行　各地新华书店经销

*

2021 年 9 月第　一　版　开本：720×1000　1/16

2023 年 3 月第三次印刷　印张：16 3/4

字数：337 000

定价：130.00 元

（如有印装质量问题，我社负责调换）

致 Dalia, wenacfemn-enny, Pelle, Oren, Laura, Betsy an

和 Rachef,以及我的后辈

译 者 序

深度学习是机器学习领域中一个新的研究方向，其动机在于建立模拟人脑进行分析学习的神经网络。它通过组合低层特征形成更加抽象的高层表示特征，以发现数据的分布式特征表示。深度学习解决了很多复杂的模式识别问题，使人工智能技术取得巨大的进步。我们非常荣幸有机会将 Daniel Graupe 先生所著的《深度学习神经网络设计及案例研究》一书翻译，推荐给国内读者。该书较详细地阐述了深度学习的基本原理、各种模型特征与结构，并给出了详细的案例研究。

该书共 9 章。第 1 章介绍深度学习神经网络的方法和范围；第 2 章介绍神经网络的基本概念；第 3 章介绍反向传播神经网络；第 4 章介绍认知机与新认知机；第 5 章介绍卷积神经网络；第 6 章详细介绍大内存存储与检索神经网络；第 7 章介绍 3 种特殊的用于深度学习的神经网络；第 8 章通过案例研究对不同的深度学习模型进行对比分析；第 9 章对本书介绍的不同深度学习模型进行总结与分析。

该书第 1 章~第 4 章由周志杰翻译，第 5 章、第 7 章、第 9 章及附录由贺维翻译，第 6 章由胡冠宇翻译，第 8 章由韩晓霞翻译。火箭军工程大学的张春潮、王杰、曹友、陈媛、彭妍、张超丽、李改玲、董昕昊对代码部分进行了检查和验证。全书由周志杰统稿，韩晓霞审校。

由于该书专业性较强，翻译中的不妥之处在所难免，恳请读者批评指正。

译　者

致　谢

感谢 Hubert Kordylewski 博士对我在深度学习网络相关研究工作中提供的帮助。他是我的朋友，也是我的前助手，帮助我实现了 LAMSTER。

感谢多名来自不同大学的同事，他们与我合作完成了这本书相关的工作，在此过程中加深了我对这本书知识的理解。尤其是，John(Jack) Lynn(Liverpool)博士和 Kate Kohn 博士。Kate 是一名医学博士，我和他在芝加哥的迈克尔-里斯医院工作了 24 年，他经常激励我。医学博士 Boris Vern，他是我的同事，经常对我的工作加以鼓励。感谢 George Moschytz(ETH, Zurich 和 TelAviv)、Ruey Wen 博士(巴黎圣母院大学)、YiFang Huang 博士(巴黎圣母院大学)、Kosnstntin Slavin(UIC)、Daniela 博士(UIC)和 Qiu Huang 博士(巴黎圣母院大学)。

这些年来，我从我的助手那里学到了很多，我不能忘记他们的奉献和帮助。在此，我必须提及以下与这项工作直接相关的人：Yunde Zhong 博士、Aaron Field 博士、Jonathan Waxman 博士、Ishita Basu 博士、Jonthan Abon 博士、Mary Smollack 和 Nevidita Khobragade 博士。

尤其要感谢神经网络 a 班的学生，他们同意我在这本书的附录中使用他们最终的项目结果：Aparna Pongoru、Saraswathi Gangineni、Veera Sunitha Kadi、Prithvi Bondili、Dhivya Somasundaram、Eric Wolfson、Abhinav Kumar、Mounika Racha、Yudongsheng Fan、Chimnayi Deshpande、Fangiiao Wang、Syed Ameenuddi Hussain、Sri Ram Kumar Muralidharan、Xiaouxiao Shi、Miao He。

致 谢

[illegible]

[illegible]

[illegible]

前　　言

本书是基于我过去几年在伊利诺伊大学芝加哥分校电子和计算机工程、计算机科学系演讲的内容。本书面向计算机科学、电子和计算机工程领域的研究生和研究人员。

深度学习神经网络(deep learning neural networks, DLNN)因其在诸多领域解决问题的巨大潜力而被创造出来。这些领域现有的方法、理论或算法还不够理想，因此需要一种方法来同时处理涉及非线性、混沌、非平稳性等问题。此问题存在于医学、金融、图像理解、非线性控制、语音识别等多个领域。

DLNN 的教学不能仅限于学习其理论和设计原则，还要提供关于 DLNN 应用的深入认识。基于此，本书给出一些 DLNN 在不同领域中的应用研究。

在之前的研究生课程中，我非常依赖小型研究项目。与本书的案例一样，学生编写的程序常用于远离他们研究领域或知识领域的问题上，如医学、金融，甚至天文学。在一个学期的课程中，包括 20 个这样的案例。这些都是学生在 2～3 周内完成的。希望这些案例对读者有所帮助，使 DLNN 可以方便、成功地应用到广泛的具体问题中。

案例和书中引用的文献证明，DLNN 的独特架构是解决问题和学术研究中强大且易于应用的工具。这些案例涉及的领域包括金融工程、医学诊断和预测。案例和引用的文献显示了 DLNN 在 2D 和 3D 视觉(静止和动态)、语音识别、滤波、游戏、安全(包括计算机安全)、工业故障检测等方面的有效性。事实上，它已经被广泛应用于多个医学问题的研究。

需要注意的是，DLNN 的体系结构，特别是在其实现并行计算时，实时决策的用时是足够快的，这样的体系结构可以通过植入的方式在医疗设备和传感器中实现。

案例中使用的附加程序代码扩充了教材内容，这对于教学是必不可少的。本书主要案例的研究讨论，以及在这些讨论所提供的资料来源和附录中给出的代码或部分代码，将有助于让感兴趣的读者重新构建这些案例。

书中给出的每一个案例，都比较了几种 DLNN 方法的计算速度和成功率(每次研究使用相同的数据、计算语言和计算机)。在某些情况下，非神经网络架构也会参与比较。

随着应用领域的日益复杂，DLNN 必将超越其目前的地位，并在未来几年不断扩大和发展。尽管已经做了很多工作，但它仍处于早期阶段。如果不是机器智能领域已经确立了领先地位，它已经是一个领导者了。

目　录

第1章 深度学习神经网络：方法和范围

1.1 定 义

DLNN可以定义为一种神经网络体系结构。它可以促进对深藏在输入信息中且不易获取的数据进行深入学习、检索和分析，在深入挖掘输入数据方面的能力通常比其他(非神经网络)计算方法更有效，因为它在特定任务中有效地集成了多种数学、逻辑和计算方法。这些方法包括线性或非线性、解析或启发式、确定性或随机性的方法。

DLNN的另一个定义是利用多层非线性信息处理的机器学习技术，用于有监督和无监督的特征提取和转换，以及模式分析和分类。此外，DLNN通常是前馈网络。

顾名思义，当简单的方法不能充分挖掘数据信息时，就需要深度学习实现对信息的深入挖掘。这通常需要构建庞大数据库的知识结构。尽管具有强有力的工具，这个数据库也必须是多种多样的。然而，这些工具必须进行智能融合。这种融合不能有偏颇，应取决于对结果的无偏学习。DLNN通过学习自适应地排列整个数据库。这就是它的目的，也是本书的主要内容。

与其他神经网络体系结构一样，DLNN结构试图在一定程度上模仿生物的大脑结构。它的融合算法并不存在于生物大脑中，这与大脑本身从外部预处理器接收输入的方式不太一样。光输入视网膜中被预处理，声音输入耳蜗中被预处理(分别用于颜色识别或声频识别)。类似地，在发送到中枢神经系统(central nervous system, CNS)之前，嗅觉或味觉的化学预处理是在鼻子或舌头中进行的。在某种程度上，人们甚至可以把阅读文字视为对知识的预处理。

1.2 深度神经网络简史及其应用

深度学习从一开始就是机器智能的主要目标之一，因此它也是人工神经网络(artifical neural network, ANN)的主要用途之一。人们希望ANN能够利用计算机及其相关的编程能力挖掘比人类理解更深入的信息，并将各种数学方法整合起来直接应用于数据。因此，对某一特定的应用来说，揭示那些可能很重要却不明显的因素，始终是科学进步的期望，而计算机是实现这一目标的工具之一。此外，人们希望能够构建模仿人脑一般结构的机器，即在 ANN 结构中，寻求实现这一目标的基础。

反向传播(back propagation, BP)神经网络是第一种被设计出的通用深度学习 ANN，由 Rumelhart 等于 1986 年提出。Werbos 在 1974 年，Parker 在 1982 年也曾提出类似的设计。BP 是在 Bellman 动态规划理论的基础上发展起来的，目前仍广泛应用于几种主要的 DLNN 体系结构中。然而，尽管它具有普遍性，但本身过于缓慢，无法有效地融合许多深度学习需要的前置滤波或预处理的数学算法。

1975 年，Fukushima 提出一种能模拟视网膜功能的认知机神经网络，并将它用于机器视觉模式识别。他在 1980 年扩展了认知机，提出新认知机，但这仍然非常复杂，且相当缓慢，就像它的前身一样，仍限于视觉模式识别。尽管它不是深度学习网络，也不是卷积网络，但却是第 5 章要讨论的最重要的卷积神经网络(convolutional neural network, CNN)的基础。

CNN 是目前公认的最流行的 DLNN。从历史上看，CNN 的灵感源自视觉皮层的建模，源于 LeCun 及其同事与图像识别有关的工作。因此，直到今天，CNN 仍主要应用于与图像相关的问题也就不足为奇了。

1989 年，LeCun 等在基于 5 层 BP 的设计中加入了卷积操作，实现了比 BP 更深、更快的学习。虽然这一早期设计的训练时间约为 3 天，但是如今基于 CNN 设计的 Le-Net 5 在并行处理的情况下，仅需几分钟的训练时间(取决于涉及问题的复杂性)。

Hinton 及其同事将基于 CNN 体系结构的应用范围扩展到语音识别和自然语言处理。因此，CNN 很快成为图像处理和语音处理的主流方法，并超过其他体系结构，如基于支持向量机(support vector machine, SVM)的算法或其他算法。目前，如果某些应用可以表示或重新表示为二维或高维空间形式，即矩阵或张量表示法，或任何其他合适的特征图，那么这些应用就可以采用 CNN 处理。因此，CNN 成为解决复杂深度学习问题最广泛使用的神经网络。

相关文献中出现许多关于 CNN 的应用，我们只提到以下几个方面。

静态图像和视频应用：LeCun 提出的 CNN(Ciresan)打破了手写文本识别的记录，由 Ji 等设计的 3D 结构(Simonyan 和 Zisserman)实现了 CNN 在视频中的应用，以及在语音中的应用。

其他应用领域：包括故障检测、金融、搜索引擎、医药等。

1996 年，Graupe 和 Kordylewski 提出一种不受层数限制的大内存存储和检索神经网络(large memory storage and retrieval neural network, LAMSTAR 或 LNN)。该神经网络发展成一种基于广义神经网络的学习机器，用于计算来自不同数据源的预测、检测和决策。数据可以是确定的、随机的、空间的、时间的、逻辑的、时变的、非解析的，或者以上的组合。LAMSTAR 是一个赫布(Hebbian)神经网络，源于 1969 年的机器智能模型。该模型是由 Kant 在 *Understanding* 中提出的相关概念，源于不同大脑皮层和脑层之间的神经元相互联系的启发。它能够从不同的协处理器(随机的、解析的或非解析的，包括熵、小波等)中对参数进行积分和排序。它的速度源于采用 Hebbian-Pavlovian 原则和 Kohonen 的赢者通吃(winner takes all, WTA)原则，以及易于并行计算。

LAMSTAR 被成功地应用于医学预测和诊断、金融计算、视频处理、计算机入侵、语音等各个领域，以及第 6 章和第 8 章的研究中提到的领域。

基本的 LAMSTAR 结构(LAMSTAR-1 或 LNN-1)于 2008 年由 Schneider 和 Graupe 标准化，并产生一个改进的版本(LAMSTAR-2 或 LNN-2)。LAMSTAR-2 在不影响计算速度的同时提高了性能。

1.3　本书范围

尽管 DLNN 发展历史较短，但仍有多种结构被相继提出。虽然这些结构会用到不同的方法，但是根据问题编写算法仍是一项非常重要的任务。此外，虽然神经网络应该遵循或近似基于 CNS 体系结构，但许多 DLNN 结构却与 CNS 体系结构几乎没有共同之处。我们对 CNN 本身的认识仍然肤浅，无法对其建模。许多 DLNN 设计借鉴了广泛的数学理论和方法，并将这些理论和方法应用到类似网络的算法中。在任何简单情况下，体系结构的约束对这种融合来说都是过于严格的，根据其定义，深度学习需要“所有可能的工具”。因此，需要借用任何我们可实现的数学方法。

DLNN 可以划分为三类。

第一类的特点是融合流畅、智能，网络计算速度快，适用范围广。

第二类基于特定的工具，允许针对特定类别的问题进行深入学习，在某些情况下，也可以快速地进行深度学习。

第三类的特点是融合复杂、网络缓慢，因此吸引力有限。

深度学习也可以通过非神经网络结构来实现。例如，SVM 的应用范围很广泛，但速度很慢，尤其是在非常复杂或具体的问题中。

本书主要关注第一类 DLNN。事实上，我们打算证明这些 DLNN 能够适应不同的深度学习问题，并提供良好的性能。它们的设计速度快，不仅是因为采用神经网络结构，允许融合外部的数学和算法工具，同时它们的性能和速度与设计非常耗时的 Ad-Hoc 算法相比具有很强的竞争力。不遵循这一设计框架的深度学习技术，特别是生成非监督技术，不能视为第一类 DLNN。

本书研究的 DLNN 在性能和速度上令人满意，可以作为飞机、汽车、非线性控制器、机器人、医学植入、医学预测和诊断工具、交易和金融分析工具等工业和医疗工具和设备的产品。在大多数情况下，Ad-Hoc 设计慢，太依赖完全相同类型的输入数据，在适应现实世界和在线环境方面要求太高。DLNN 能够很好地解决这些问题。

因此，本书将对以下 DLNN 网络进行深入讨论。

① BP 神经网络。

② CNN。

③ LAMSTAR。

我们认为,BP 神经网络有非常广泛的应用范围,同时也是一种潜在的 DLNN，但 BP 神经网络速度太慢，不适用于深度学习，可以作为 CNN 的一个学习单元(CNN 是最流行的 DLNN)。此外，它在其他深度学习网络中也起着重要的作用，特别是在深度递归神经网络(deep recurrent neural network, DRNN)和反卷积/小波神经网络(deconvolution convolutional neural network, DCNN 或 wavelet neural network, WNN)中。因此，对它的学习有助于我们对后面内容的理解。

此外，我们还提出另外三个神经网络。

① 深度玻尔兹曼机 (deep Boltzman machine, DBM)。

② DRNN。

③ DCNN/WNN。

DBM 和 DCNN/WNN 的应用领域受限。DRNN 在复杂问题中的应用非常缓慢。DBM 和 DCNN 也不能融合多种工具。

1.4 本书的结构安排

本书组织结构如下。

第 2 章简要介绍神经网络相关的基本概念，并将其应用于 DLNN。

第 3 章介绍 BP，其理论遵循 Bellman 的动态规划理论。该理论使 BP 网络成为第一个真正意义上的广义神经网络。BP 动态规划学习算法为 CNN 和其他深度学习网络提供了学习引擎。

第 4 章介绍 Fukushima 认知神经网络及其扩展神经网络(神经认知神经网络)。这两种神经网络被首次尝试应用到一个非常复杂的系统，即基于神经网络结构的生物视网膜。其目的不是作为一个广义的学习机器，因为计算是非常耗时的。然而，认知机和新认知机促进了 DLNN 发展，即 CNN。

第 5 章介绍 CNN。CNN 是最早发展起来的用于图像识别的神经网络。CNN 几乎成为深度学习的代名词，被广泛应用于各个领域。CNN 采用 BP 作为学习引擎。

第6章介绍LAMSTAR。LAMSTAR与其他神经网络不同，它使用经过Hebbian训练的连接权值，用于从不受数量限制的预处理滤波器的融合反馈，并对输入进行排序。

第 7 章介绍 DBM、DRNN 和 DCNN 三种 DLNN 的原理。由于结构或计算速度，这些网络在应用范围上的通用性有限。从某种意义上来说，这些网络基于深度学习，可以深入挖掘信息，但不能集成超出其范围的工具。

第 8 章介绍有关 DLNN 应用的 20 个案例。所有的这些案例都涉及两个或更多不同的神经网络。每个案例都比较了该案例涉及网络的综合性能(准确性、成功率)，以及在完全相同的数据、相同的计算机和相同的编程语言(每个特定的案例)情况下的计算时间。这一章讨论的案例不包括应用范围有限的深度学习网络，如 DCNN、DBM 或 DRNN。

这一章附录给出 20 个案例的程序核心代码。这些程序不是各个案例的完整程序。因此，为第 8 章涉及的每项研究提供相应的参考代码和相关网址，方便读者学习。案例涵盖的应用领域广泛，有助于说明 DLNN 的通用性，以及上述主要深度学习网络的通用性。

接下来是对于相同输入数据的性能和计算速度的比较。必须强调的是，案例复杂性较低，没有反映出对更复杂案例的必要支持。本书的案例主要使用直接的和标准的程序。神经网络的思想是可以在没有专家知识的情况下使用，使计算机解决大多数问题，并会产生“好”结果的一种工具。因此，如果一种网络对于一个给定的问题成功率是 100%，并比另一种网络更快，那么它就像人们期望的一样“好”。

第 9 章给出结论性意见和评价。

参 考 文 献

Abdel-Hamid O, Deng L, Yu D, “Convolutional neural network structures and optimization techniques for speech recognition”, Interspeech Conf. (2013), pp. 3366-3370.

Bellman R, Dynamic Programming (Princeton University Press, 1961).

Calderon-Martinez J A, Campoy-Cervera P, “An application of convolutional neural networks for automatic inspection”, IEEE Conf. on Cybernetics and Intelligent Systems (2006), pp. 1-6.

Dixon M, Klabian D, Bang J H, “Implementing deep neural networks for financial market prediction on the Intel Xeon Phi”, Proc. 8th Workshop on High Performance Computational Finance, Paper No. 6 (2015).

Dong L, Yu D, “Deep learning methods and applications”, Foundations and Trends in Signal Processing 7(3-4):197-387 (2014).

Dong F, Shatz S M, Xu H, Majumdar D, “Price comparison: A reliable approach to identifying shill bidding in online auction", Electronic Commerce Research and Applications 11(2):171-179 (2012).

Fukushima K, "Cognitron: A self-organizing multi-layered neural network", Biological Cybernetics 20:121-175 (1975).

Fukushima, K, "Neocognitron: A self-organizing neural network model for a mechanism of pattern recognition unaffected by shift in position", Biological Cybernetics 36(4):193-202 (1980).

Girado J I, Sandin D J, DeFanti T A, Wolf L K, "Real-time camera-based face detection using modified LAMSTAR neural network system", Proc. IS&T/SPIE 15th Annual Symp. on Electronic Imaging (2003).

Graupe D, Abon J, "Neural network for blind adaptive filtering of unknown noise from speech", Proc. ANNIE Conf., Paper WP2.1A (2002).

Graupe D, Kordylewski H, "A large memory storage and retrieval neural network for browsing and medical diagnosis applications", Intelligent Engineering Systems through Artificial Neural Networks, eds. Dagli C H et al., Vol. 6 (ASME Press, 1996), pp. 711-716.

Graupe D, Lynn J W, "Some aspects regarding mechanistic modelling of recognition and memory", Cybernetica 3:119 (1969).

Hebb D, The Organization of Behavior (John Wiley, 1949).

Hinton G E, Deng L, Yu D, Dahl G et al., "Deep neural networks for acoustic modeling in speech recognition", IEEE Signal Processing Magazine 9(6):82-97 (2013).

Kant E, Critique of Pure Reason (Koenigsbarg, Germany, 1781).

Kohonen T, Self-Optimizing and Associative Memory (Springer Verlag, 1984).

LeCun Y, Boser B, Denker J S, Henderson D, Howard R E, Hubbard W, Jackel L D, "Backpropagation applied to handwritten zip code recognition", Neural Computation 1(4):541-551 (1989).

LeCun Y, Bottou L, Bengio Y, Haffner P, "Gradient-based learning applied to document recognition", Proceedings of the IEEE, Vol. 86, Issue 11 (1998), pp. 2278-2324. doi:10.1109/5.726791.

Nigam P V, Graupe D, "A neural-network-based detection of epilepsy", Neurological Research 26(1):55-60 (2004).

Parker D B, "Learning Logic", Invention Report 5-81-64, File 1, Office of Technology Licensing, Stanford University, 1982.

Rios A, Kavuluru, R, "Convolutional neural networks for biomedical text classification: application in indexing biomedical article", Proc. 6th ACM Conf. on Bioinformatics, Computational Biology and Health Informatics (2015), pp. 258-267.

Rumelhart D E, Hinton G E, Williams R J, "Learning internal representations by error propagation", in Parallel Distributed Processing: Explorations in Microstructures of Cognitron, eds. Rumelhart D E and McClelland J L (MIT Press, 1986), pp. 318-362.

Schneider N A, Graupe D, "A modified LAMSTAR neural network and its applications", International Jour. Neural Systems 18(4):331-337 (2008).

Simonyan, K, Zisserman, A, "Two-stream convolutional networks for action recognition in videos", arXiv:1406.2199 [cs.CV], 2014.

Venkatachalam V and Selvan S, "Intrusion detection using an improved competitive learning Lamstar neural network", IJCSNS, International Journal of Computer Science and Network Security 7(2):255-263 (2007).

Waxman J A, Graupe D, Carley D W, "Prediction of Apnea and Hypopnea using LAMSTAR artificial neural network", Amer. Jour. Respiratory and Critical Care Medicine 181(7):727-733 (2010).

Wallach I, Dzamba M, Heifets A, "AtomNet: A deep convolutional neural network for bioactivity prediction in structure-based drug discovery", arXiv:1510.02855 [cs.LG], 2015.

Werbos P J, Beyond Recognition: New Tools for Prediction and Analysis in the Behavioral Sciences, PhD Thesis, Harvard University, (1974).

第 2 章　神经网络的基本概念

在讨论具体的 DLNN 之前，我们先介绍一些后续章节会用到的概念。

2.1　Hebbian 原理

首先介绍 Hebbian 原理，它在大多数神经网络中被使用，并且是 LAMSTAR-1 和 LAMSTAR-2 中权重设置的基础。

Hebbian 原理指出：当神经元 A 的轴突与神经元 B 很近，并且参与了对 B 的重复持续的刺激时，这两个神经元或其中一个便会发生某些生长过程或代谢变化。A 作为能使 B 兴奋的细胞之一，它的效能便增强了，即突触前神经元向突触后神经元的持续重复刺激可以导致突触传递效能增加。

Hebbian 原理可通过条件反射定律来理解，狗看到食物会使细胞 F 兴奋，其中细胞 F 使细胞 B 兴奋，细胞 B 使狗分泌唾液。此外，铃声使细胞 A 兴奋，细胞 A 与细胞 B 有关联。然而，细胞 A 不能使细胞 B 兴奋。在细胞 F 反复使细胞 B 兴奋后，细胞 A 也会兴奋(如往常被铃声激活一样)。随后，即使没有细胞 F 的刺激(就像狗没有看到食物)，经常被铃声刺激的细胞 A 也会引起细胞 B 的兴奋。

因此，Hebbian 原理假定神经元细胞之间的连接权重是加权连接，权重的值是神经元通过细胞间连接(即从细胞 A 到细胞 B)放电次数的函数。CNS 细胞之间的这种加权连接在生物学已经确立很多年。

2.2　感　知　器

实际上，在几乎每种 ANN 中，神经元的感知器模型都直接或间接地起到神经元模型的作用。

如图 2.1 所示，神经元模型的感知器有 n 个输入(3 个)，记为 x_i，$i=1,2,\cdots,n$，其权重为 ω_i。对加权输入 $\omega_i x_i$ 求和，即

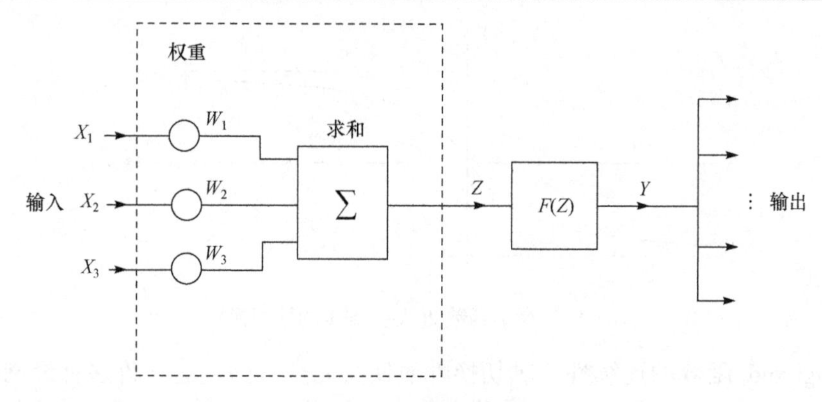

图 2.1 感知器模型

$$z=\sum_i(\omega_i x_i) \tag{2.1}$$

然后，对 z 进行非线性算子 $F(z)$ 运算，产生神经元输出 y，即

$$y=F(z) \tag{2.2}$$

感知器基于麦卡洛克-皮茨(McCulloch Pitts)原理，以二进制作为输出，这符合生物神经元的兴奋/不兴奋二进制特性。任何学习算法都需要学习权重，因此采用连续的 Sigmoid 激活函数 $F(z)$ 作为软开关(如图 2.2 和图 2.3)，即

$$F(z)=1/[1+\exp(-z)] \tag{2.3}$$

其中，z 为 Sigmoid 开关的输入；y 为输出。

这个激活函数收敛到二进制极限，即(0, 1)。对于(−1, 1)的软切换，激活函数重新定义为

$$F(z)=2/[1+\exp(-z)]-1 \tag{2.4}$$

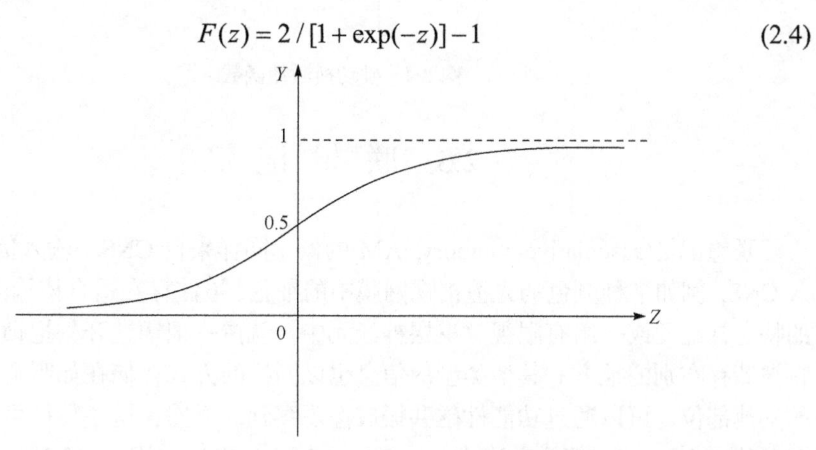

图 2.2 激活函数 1(从 0 到 1 的软切换)

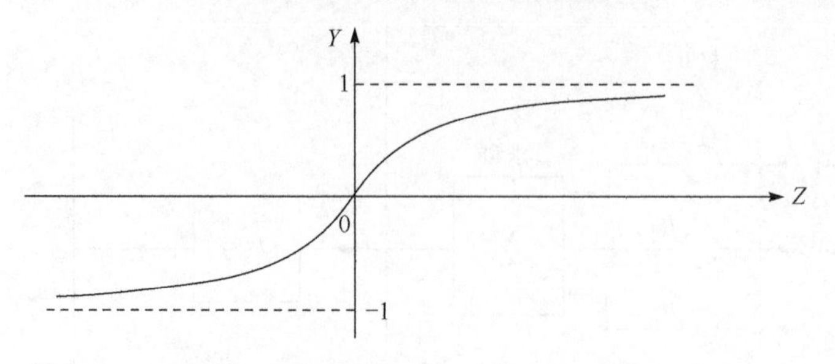

图 2.3 激活函数 2(从−1 到 1 的软切换)

Sigmoid 函数的连续性、软切换性质使其完全可微，这在许多神经网络和 DLNN 中是必要的，如 BP 神经网络和 CNN。其他神经网络，如 Hopfield 神经网络、对偶传播神经网络和 LAMSTAR，则使用如图 2.4 所示的硬切换激活函数来加快计算速度，这种硬开关设计也完全符合 McCulloch Pitts 原理，即

$$F(z) = \mathrm{sign}(z) \tag{2.5}$$

感知器的软开关及其等效的硬开关都满足人工神经元感知器模型的设计需求。

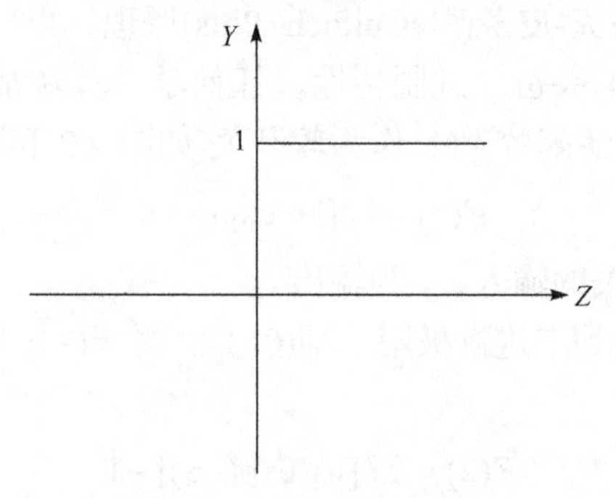

图 2.4 硬切换激活函数

2.3 联 想 记 忆

联想记忆(associative memory, AM)的概念同样来自 CNS。输入信息(记忆)进入 CNS，例如某种颜色的光撞击视网膜中的细胞，被储存在适合该输入信息(颜色)的特定神经元或一组有限视觉皮层神经元中，就像一把钥匙开一把锁，其他颜色将被储存在别的地方。其他类型的信息也以同样的方式存储在如听觉皮层和大脑的其他部位，可以通过功能性磁共振成像观察到。显然，这一特征可以显著提高 CNS 的效率。这一概念首次由 Longuett-Higgins 提出并用于 ANN，由 Kohonen 进一步拓展，用于提高 ANN 的存储效率和信息检索效率。这种存储方法被称为 AM 或双向联想记忆(bidirectional associative memory, BAM)，用于 Hopfield 神经

网络、对偶传播神经网络和 LAMSTAR。AM 可以通过下面的方程导出，即

$$W = \sum_i y(i)x^{\mathrm{T}}(i) \tag{2.6}$$

其中，$y(i)$ 和 $x(i)$ 分别是 M 维的输入矩阵和 N 维的输出矩阵；W 是权重矩阵，即

$$W = [\omega(i, j)] \tag{2.7}$$

式中，$\omega(i, j)$ 是矩阵在 (i, j) 处的值。

此外，如果

$$y(i) = x(i) \tag{2.8}$$

像 Hopfield 神经网络反馈配置中的情况和对偶传播神经网络，以及第 6 章的 LAMSTAR 中的情况一样，则

$$W = \sum_i x(i)x^{\mathrm{T}}(i) \tag{2.9}$$

因此，假设输入向量 $x(i)$ 是正交的(如归一化后)，则有

$$x^{\mathrm{T}}(i)x(i) = \delta(i, j) \tag{2.10}$$

其中，$\delta(i, j)$ 为 Kronecker 函数，且

$$Wx(j) = \left[\sum_i x(i)x^{\mathrm{T}}(i)\right]x(j) = x(j) \tag{2.11}$$

这是为了简化特定信息向量(即属性、集合)的存储和检索，将通过 WTA 的概念进一步解释。

2.4　“赢者通吃”原理

神经网络及 DLNN 中一个流行的设计概念是 WTA 原理。该原理由 Kohonen 在他的自组织映射(self organizing map，SOM)设计中提出。通过这个概念，发送到神经元给定的 WTA 层的输入信息，将仅存储在其输入权重能产生最大输出的神经元中(经过训练或预先分配)。因此，在所有输入下，该层的所有其他神经元输出都将为 0。

注意前一节 AM 的概念，WTA 可以实现如下设置，将所有输入 x 归一化为长度为 1 的矢量，即通过式(2.12)生成归一化矢量 x'，因此矢量 x 中的元素 $x(i)$ 变为

$$x'(i) = x(i) / \mathrm{sqrt}\sum_j [x^2(j)] \tag{2.12}$$

因此，对于归一化矢量 x'，有

$$(x')^{\mathrm{T}} x' = 1 \tag{2.13}$$

这意味着，除了输入权重与输入矢量一致时，任何向量的输出都小于 1，这

些向量将被拒绝，只保留(存储)适合给定神经元权重的向量。这将大大减少生物神经网络和 ANN 的计算量。对偶传播神经网络和自适应共振理论(adaptive resonance theory, ART)神经网络，以及第 6 章的 LAMSTAR-1 和 LAMSTAR-2 中都使用了 WTA 原则。

2.5 卷积积分

卷积积分是一种折叠函数，用来计算滤波函数相对于动态信号的运算输出。

假设以拉普拉斯变换形式给出滤波器 $G(s)$，s 是拉普拉斯算子，$U(s)$是滤波后的信号。

信号 $U(s)$通过滤波器 $G(s)$得到输出 $X(s)$，即

$$X(s)=G(s)U(s) \tag{2.14}$$

在离散时间条件下，使用 z 变换算子时，式(2.14)变为

$$X(z)=G(z)U(z) \tag{2.15}$$

式(2.14)和式(2.15)的数学运算称为卷积运算或传递函数。

对式(2.14)进行拉普拉斯逆变换，可以得到连续时域输出，即

$$x(t)=\int_0^t g(\tau)u(t-\tau)\mathrm{d}\tau \tag{2.16}$$

同理，对式(2.15)进行逆 z 变换，可以得到离散时域输出 x_j，即

$$x_j=\sum_{i=1}^{N} g_i u_{j-i} \tag{2.17}$$

需要注意的是，u 和 g 在式(2.16)和式(2.17)中是完全可互换的，不影响输出。

式(2.16)称为卷积积分，且式(2.17)是其离散时域的等价形式(卷积和)。卷积积分和卷积和都被用于 CNN(第 5 章)和 DCNN(第 7 章)，其中 g_j 和 i 是去卷积网络派生的。

上面的卷积积分、卷积和输入 u 的最新样本在滤波器 g 中运行的时间最少，而输入 u 中最早到达的样本在滤波器中运行(受其影响)了最长的时间。

上面的卷积方程适用于标量(信号)情况，它们可以扩展成向量/矩阵形式。此外，式(2.16)和式(2.17)可包括非线性运算 $g(u)$，而不包括这些方程的积分/总和中的乘法运算。

值得注意的是，当 g 和 u 同时是信号或图像时，式(2.16)和式(2.17)具有相同的形式和意义。在这种情况下，它们成为互相关，甚至自相关方程(积分/总和)。

此外，如果 g 是小波或者具有小波的性质，则式(2.16)和式(2.17)分别变为连

续或离散小波变换方程。

参 考 文 献

Graupe D, Identification of Systems (Krieger Publishing Co.,1979).

Graupe D, Principles of Artificial Neural Networks (World Scientific Publishing, 1997, 2013).

Hebb D, The organization of Behavior (John Wiley, 1949).

Hopfield J J, "Neural computation of decisions in optimization problems", Biol. Cybernetics 52:141-152(1982).

Kohonen T, Associated Memory: A system Theoretical approach (Springer Verlag,1977).

Kohonen T, Self-Organization and Associative Memory (Springer Verlag, 1984).

Longuett-Higgins H C, "Holographic model of temporal recall", Nature 217:104(1968).

McCulloch W S, Pitts W, "A logical calculus of the ideas imminent in nervous activity",Bull. Math. Biophysics 5:115-133(1943).

Pavlov I P, Conditional Reflexes(1927), in Russian. English translation(Oxford University Press,1927, Dover Press,1962).

Rosenblatt F, "The perceptron, a probabilistic model for information storage and organization in the brain", Psychol. Rev.65:386-408(1958).

Stock J B, Zhang S, "The biochemistry of memory",Current Biology, 23(17):R741-R745(2013).

第 3 章　反向传播神经网络

3.1　反向传播结构

BP 算法是由 Rumelhart、Hinton 和 Williams 于 1986 年提出的，用于设置权值，从而完成多层感知器的训练。BP 算法可以解决隐藏层没有可访问期望(隐藏)输出的问题，为多层 ANN 的使用开辟了道路。Rumelhart 的 BP 算法基于 Bellman 的动态规划论，与 Werbo 在其 1974 年的哈佛大学博士论文和 1982 年斯坦福大学的一份报告中提出的算法非常接近，但当时都没有发表。毋庸置疑，采用一种严格有效的方法来设置中间权值，即训练 ANN 的隐藏层，对 ANN 的进一步发展起到很大的推动作用。这种方法克服了 Minsky 和 Paper 提出的对 ANN 几乎是致命的单层缺点。BP 是第一个可以应用于不同领域处理广泛问题的神经网络。同时，由于充分的预处理，BP 神经网络也被视为一个深度学习网络。然而，与许多基于动态规划的算法一样，尤其是 BP 算法，它是基于梯度动态规划的，速度缓慢，已无法满足机器学习的需要。尽管如此，它还是在后来得到了修复，成为第 5 章讨论的速度更快的 CNN 的学习引擎。事实上，BP 的创建者之一的 Hinton，也是 CNN 的主要创始人。

3.2　反向传播算法的推导

BP 算法必须首先计算输出层，这是唯一一个可以获得所需输出的层，如图 3.1 所示。

令 ε 表示输出层的误差函数，即

$$\varepsilon \stackrel{\text{def}}{=} \frac{1}{2}\sum_{\mathrm{k}}(d_k - y_k)^2 = \frac{1}{2}\sum_{k} {e_k}^2\ , \quad k = 1, 2, \cdots, N \tag{3.1}$$

考虑 ε 的梯度，其中

$$\nabla \varepsilon_k = \frac{\partial \varepsilon}{\partial w_{kj}} \tag{3.2}$$

使用最快速下降法，可得下式，即

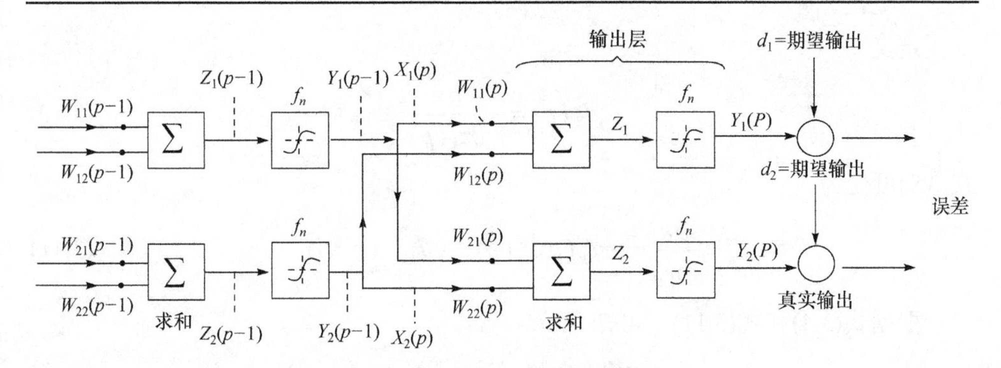

图 3.1　两层 BP 神经网络

$$w_{kj}(m+1)=w_{kj}(m)+\Delta w_{kj}(m) \tag{3.3}$$

其中，kj 是输入的第 j 个神经元到输出的第 k 个神经元。

通过最陡下降过程，即

$$\Delta w_{kj}=-\eta\frac{\partial\varepsilon}{\partial w_{kj}} \tag{3.4}$$

其中，负号是指向最小值的最快速下降方向。

感知器节点输出 z_k 为

$$z_k=\sum_j w_{kj}x_j \tag{3.5}$$

其中，x_j 是神经元的第 j 个输入。

感知器的输出 y_k 为

$$y_k=F_N(z_k) \tag{3.6}$$

其中，F_N是非线性激活函数，必须是连续的，才能允许它的微分。

现在代替

$$\frac{\partial\varepsilon}{\partial w_{kj}}=\frac{\partial\varepsilon}{\partial z_k}\frac{\partial z_k}{\partial w_{kj}} \tag{3.7}$$

并且由式(3.5)可知下式，即

$$\frac{\partial z_k}{\partial w_{kj}}=x_j(p)=y_j(p-1) \tag{3.8}$$

其中，p 是输出层。

从而使式(3.7)改为

$$\frac{\partial\varepsilon}{\partial w_{kj}}=\frac{\partial\varepsilon}{\partial z_k}x_j(p)=\frac{\partial\varepsilon}{\partial z_r}y_j(p-1) \tag{3.9}$$

定义

$$\Phi_k(p) = -\frac{\partial \varepsilon}{\partial z_k(p)} \tag{3.10}$$

式(3.9)可变为

$$\frac{\partial \varepsilon}{\partial w_{kj}} = -\Phi_k(p) x_j(p) = -\Phi_k y_j(p-1) \tag{3.11}$$

根据式(3.4)和式(3.11)，可知

$$\Delta w_{kj} = \eta \Phi_k(p) x_j(p) = \eta \Phi_k(p) y_j(p-1) \tag{3.12}$$

其中，kj 表示第 j 层输入到第 k 层输出的神经元。

此外，利用式(3.10)可得下式，即

$$\Phi_k = -\frac{\partial \varepsilon}{\partial z_k} = -\frac{\partial \varepsilon}{\partial y_k}\frac{\partial y_k}{\partial z_k} \tag{3.13}$$

根据式(3.1)可得下式，即

$$\frac{\partial \varepsilon}{\partial y_k} = -(d_k - y_k) = y_k - d_k \tag{3.14}$$

Sigmoid 型非线性函数为

$$y_k = F_N(z_k) = \frac{1}{1+\exp(-z_k)} \tag{3.15}$$

可将其变形为

$$\frac{\partial y_k}{\partial z_k} = y_k(1-y_k) \tag{3.16}$$

利用式(3.13)、式(3.14)、式(3.16)可得下式，即

$$\Phi_k = y_k(1-y_k)(d_k - y_k) \tag{3.17}$$

在输出层，由式(3.4)和式(3.7)可得下式，即

$$\Delta w_{kj} = -\eta \frac{\partial \varepsilon}{\partial w_{kj}} = -\eta \frac{\partial \varepsilon}{\partial z_k}\frac{\partial z_k}{\partial w_{kj}} \tag{3.18}$$

利用式(3.8)和式(3.13)可得下式，即

$$\Delta w_{kj}(p) = \eta \Phi_k(p) y_j(p-1) \tag{3.19}$$

式(3.17)中的 Φ_k 用来完成对输出层权重设置的推导。

对于 BP 到隐藏层的第 r 个神经元，我们仍然像以前一样可得下式，即

$$\Delta w_{ji} = -\eta \frac{\partial \varepsilon}{\partial w_{ji}} \tag{3.20}$$

第 i 个分支进入第 r 隐层的第 j 个神经元。因此，与式(3.7)并行，有

$$\Delta w_{ji} = -\eta \frac{\partial \varepsilon}{\partial z_j} \frac{\partial z_j}{\partial w_{ji}} \tag{3.21}$$

根据式(3.8)和式(3.13)中 Φ 的定义，则

$$\Delta w_{ji} = -\eta \frac{\partial \varepsilon}{\partial z_j} y_i(r-1) = \eta \Phi_j(r) y_i(r-1) \tag{3.22}$$

这样，由式(3.13)可得下式，即

$$\Delta w_{ji} = -\eta \left[\frac{\partial \varepsilon}{\partial y_j(r)} \frac{\partial y_j}{\partial z_j} \right] y_i(r-1) \tag{3.23}$$

其中，$\dfrac{\partial \varepsilon}{\partial y_j}$ 难以获得(上面提到的 $\Phi_j(r)$ 也是如此)。

然而，当从输出 BP 时，ε 只能受到上层神经元的影响。这一阶段没有其他信息可用，因此有

$$\begin{aligned} \frac{\partial \varepsilon}{\partial y_j(r)} &= \sum_k \frac{\partial \varepsilon}{\partial z_k(r+1)} \left[\frac{\partial z_k(r+1)}{\partial y_j(r)} \right] \\ &= \sum_k \frac{\partial \varepsilon}{\partial z_k} \left[\frac{\partial}{\partial y_j(r)} \sum_m w_{km}(r+1) y_m(r) \right] \end{aligned} \tag{3.24}$$

在连接 $y_j(r)$ 的下一层(第 r+1 层)神经元上对 k 求和，对 m 求和是计算 r+1 层的第 k 个神经元的所有输入。

注意式(3.24)中 Φ 的定义，即

$$\frac{\partial \varepsilon}{\partial y_j(r)} = \sum_k \frac{\partial \varepsilon}{\partial z_k(r+1)} w_{kj} = -\sum_k \Phi_k(r+1) w_{kj}(r+1) \tag{3.25}$$

只有 $w_{kj}(r+1)$ 与 $y_j(r)$ 是连通的，所以 Φ 变为

$$\begin{aligned} \Phi_j(r) &= \frac{\partial y_j}{\partial z_j} \sum_k \Phi_k(r+1) w_{kj}(r+1) \\ &= y_j(r)[1 - y_j(r)] \sum_k \Phi_k(r+1) w_{kj}(r+1) \end{aligned} \tag{3.26}$$

通过式(3.19)，有

$$\Delta w_{ji}(r) = \eta \Phi_j(r) y_i(r-1) \tag{3.27}$$

其中，$\Delta w_{ji}(r)$ 为 r+1 层的权重。

对于隐藏层，我们不能采用 ε 的偏导数，因此必须取 ε 关于输出方向上的变

量偏导数，它们是唯一影响ε的。以上结果是 BP 过程的基础，可以解决隐藏层中缺少可访问数据的问题。

因此，BP 算法向后传播到 r=1 层，可以完成它的推导。BP 神经网络的原理如图 3.2 所示。它的计算可以概括如下。

应用第一个训练向量，利用式(3.17)和式(3.19)为输出层(P)计算 $\Delta w_{ki}(p)$，接着继续利用式(3.26)和式(3.27)计算 $\Phi_j(r)$ 和 $\Delta w_{ji}(r)$，$r = p-1, p-2, \cdots, 2, 1$。利用式(3.26)并基于 $\Phi_j(r+1)$ 上层(从 $r+1$ 层到 r 层的 BP)来更新 $\Phi_j(r)$。接下来，通过式(3.3)，对 $w(m)$ 和 $\Delta w(m)$ 进行 m+1 次迭代，为下一个训练集合更新 $w(m+1)$。当应用到下一个训练向量时，重复整个过程，直到通过所有的 L 个训练向量。从(m + 2)，(m + 3)，…重复整个过程，直到达到适当的收敛性。

学习速率(η)应该逐步调整，考虑 Dvoretsky 的随机逼近定理的稳定性要求。当误差变得很小时，收敛速度通常相当快，在继续进行之前，最好将η恢复到其初始值。

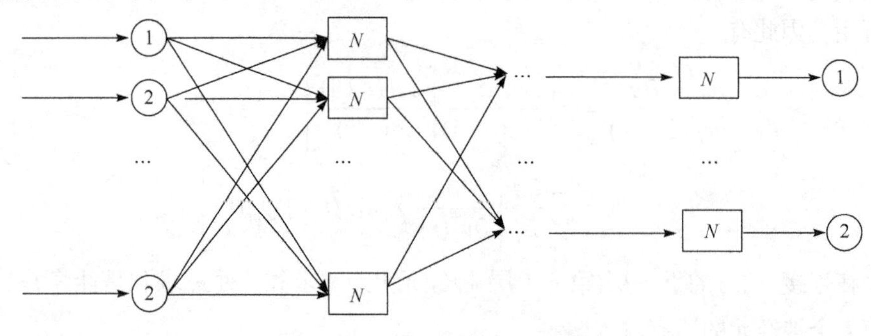

图 3.2　BP 神经网络原理

初始化 $w_{ji}(o)$ 通过从随机数池中选择一个低随机值完成对每个权重设置，例如在−5～5 的范围内。

隐藏层神经元的数目应该更多。对于简单的问题，一两个隐藏层就足够了。

3.3　反向传播算法的改进

3.3.1　神经网络偏差的引入

对神经网络的神经元施加一些偏差通常是有利的(图 3.3)。当一个可训练的权重与任何其他权重关联时，偏差可以进行调整。因此，偏差是根据输入的条件给定的，设定一个常数(如 1 或 B)，然后给出精确的偏差 b_i(在第 i 个神经元处)，即

$$b_i = w_{oi} B \tag{3.28}$$

其中，w_{oi} 是输入神经元 i 的偏差项的权重。

注意，偏差可能是正的，也可能是负的，这取决于它的权重。

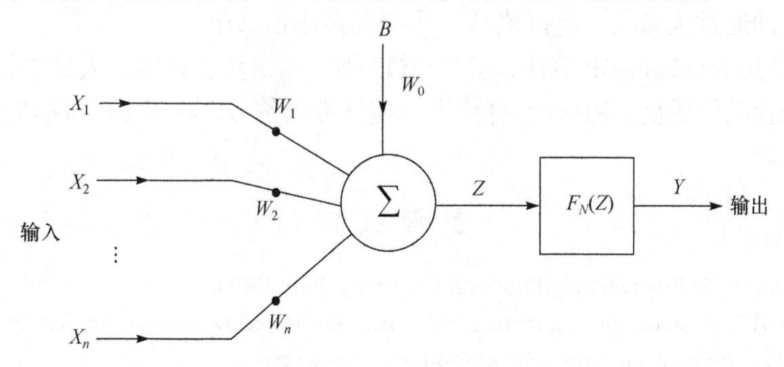

图 3.3　偏压神经元

3.3.2　结合动量或平滑项调整权重

BP 算法在一定的操作条件下进行，计算神经元的权值并不稳定。为了减少不稳定问题，Rumelhart 等建议增加式(3.1)的动量项。因此，式(3.12)可以修改为

$$\Delta w_{ij}^{(m)} = \eta \Phi_i(r) y_j(r-1) + \alpha \Delta w_{ij}^{(m-1)} \tag{3.29}$$

$$w_{ij}^{(m+1)} = w_{ij}^{(m)} + \Delta w_{ij}^{(m)} \tag{3.30}$$

对于 $m+1$ 次迭代，α 是动量系数(通常在 0.9 左右)。α 的使用通常会避免快速波动，但它并不总是起作用，甚至可能损害收敛性。

为了同样的目的，另一种平滑方法是使用 Sejnoski 和 Osenberg 等提出的平滑项，具体如下，即

$$\Delta w_{ij}^{(m)} = \alpha \Delta w_{ij}^{(m-1)} + (1-\alpha) \Phi_i(r) y_j(r-1) \tag{3.31}$$

$$w_{ij}^{(m+1)} = w_{ij}^{(m)} + \eta \Delta w_{ij}^{(m)} \tag{3.32}$$

其中，$0<\alpha<1$。

当 $\alpha=0$ 时，不进行平滑会导致算法陷入停滞。式(3.32)中的 η 介于 0～1 之间。

3.3.3　关于收敛性的其他修正

BP 算法收敛性的改进通常可以通过以下方法实现，即将 Sigmoid 函数的范围从(0, 1)修改为从(−0.5, 0.5)。

① 反馈有时可能通过一个周期性的架构来实现，如 7.2 节相关介绍。

② 修改步长可以避免 BP 算法在局部最小值处停滞(学习瘫痪)或振荡。这通常是通过减小步长实现的，至少在算法接近瘫痪或开始振荡时如此。

③ 总是在存在有限概率的情况下，通过统计方法来完美地避免对局部最小值的收敛，即通过大步长，将网络从一个局部最小值移出。

④ 使用 Resilient-BP 算法，如 RPROP 神经网络算法可能大大加快收敛速度，降低初始化的灵敏度。RPROP 算法考虑偏导数的符号，根据 BP 而不是实际值来计算权重。

参 考 文 献

Bellman R,Dynamic Programming(Princeton University Press,1961).

Dworetzky A."On stochastic approximation",Proc. 3rd Berkeley Symposium on Mathematical Statistics and Probability.University of California Press,1956.

Graupe D,Time Series Analysis,Identification and Adaptive Filtering(Krieger Publishing Co.,1989).

Graupe D,Principles of Artificial Neural Networks(3rd edition),(World Scientific Publishing Co.,2013).

LeCun, Y, Boser B, Denker J S, Henderson D, Howard R E, Hubbard W, Jackel L D,"Backpropagation applied to handwritten zip code recognition".Neural Computation1(4): 541-551 (1989).

Minsky M, Papert S, Perceptrons (MIT Press, 1969).

Parker D B,"Learning Logic",Invention Report 5-81-64,File 1,Office of Technology Licensing, Stanford University, 1982.

Riedmiller M, Braun H, "A direct adaptive method for faster backpropagation learning:The PROP algorithm",Proc. IEEE Conference on Neural Networks (1993), pp. 586-591.

Rumelhart D E, Hinton G E, Williams R J, "Learning internal representations by error Propagation", in Parallel Distributed Processing: Explorations in Microstructures of Cognitron, eds. Rumelhart D E and McClelland J L (MIT Press, 1986), pp. 318-362.

Senjowski T J, Rosenberg C R,"Parallel networks that leam to pronounce English text",Computer Systems 1:145-168 (1987).

Werbos P J, Beyond recognition: New tools for prediction and analysis in the behavioral sciences, PhD Thesis, Harvard University (1974).

第4章 认知机与新认知机

4.1 引　　言

认知机是一种以模式识别为主的网络。为了实现这一点，认知机网络在不同层中同时使用抑制性神经元和兴奋性神经元。它最初是由 Fukushima 设计的，是一种不用监督的网络，可以模仿生物视网膜进行深度学习，以达到图像识别的目的。

Fukushima 提出新的认知机，用来修正和拓展认知机的能力。它促进了 CNN 在 1989 年的出现，并使其成为主流的 DLNN。

4.2 认知机的原理

认知机主要由抑制性神经元和兴奋性神经元组成。在给定层，神经元仅与它附近的前一层神经元互连。这个附近区域称为给定神经元的连接竞争区域。为了训练有效，不是所有的神经元都要训练。因此，只需要对最相关的神经元中的精英团体训练，也就是为相关任务训练过的神经元。

连接区域会导致神经元的重叠，其给定的神经元可能属于多个上层神经元的连接区域。竞争的目的是克服重叠效应。

竞争会切断响应较弱的神经元。上述特征为网络提供了相当大的冗余，使其在丢失神经元时依然能够运行得很好。

认知机的结构是基于一个竞争区域数量逐渐减少的多层结构。另一种情况是，$L1$ 和 $L2$ 可重复 n 次，导致总数达到 $2n$ 层。如图 4.1 所示，在竞争区域，$L1$ 上有两个兴奋性神经元。

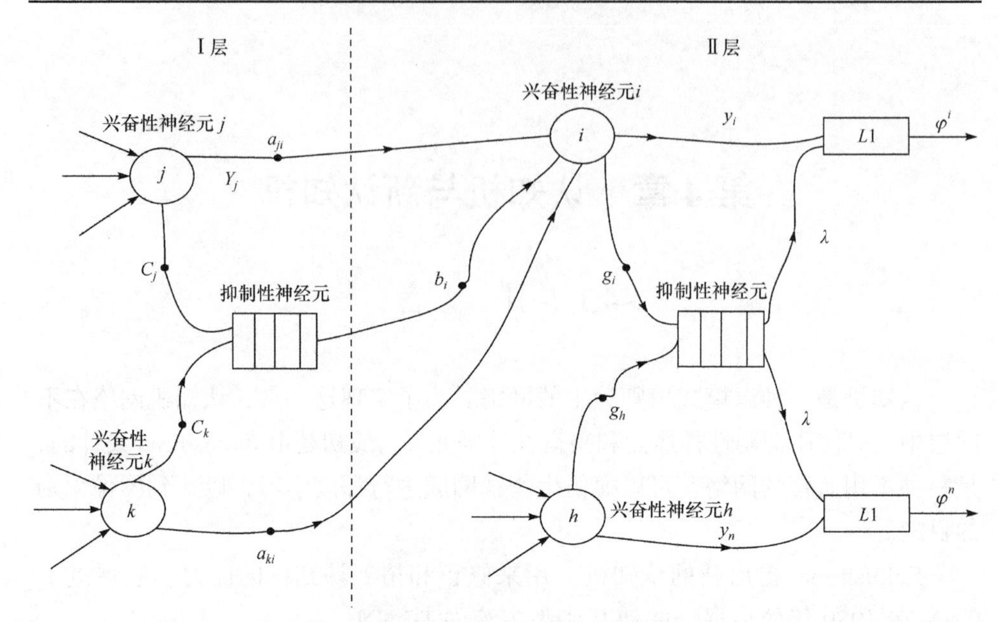

图 4.1 认知网络的原理描述(每个层有两个兴奋性神经元的竞争区域)

4.3 认识机网络的推导

4.3.1 兴奋性神经元

设 $y(k)$ 是上一层兴奋性神经元的输出，$v(j)$ 是上一层抑制性神经元的输出。定义第 i 个兴奋神经元的输出为

$$x(i)=\sum k\left[a(i,k)y(k)\right],\quad \text{激励输入} \tag{4.1}$$

$$z(i)=\sum k\left[b(i,k)v(k)\right],\quad \text{抑制输入} \tag{4.2}$$

其中，$a(i)$ 和 $b(i)$ 是连接权重，当有关神经元比它的邻居更活跃时，就会调整它们的权重。

上述神经元的总输出为

$$y(i)=f\left[N(i)\right] \tag{4.3}$$

其中

$$N(i)=\left[1+x(i)\right]/\left[1+z(i)\right]-1=\left[x(i)-z(i)\right]/\left[1+z(i)\right] \tag{4.4}$$

当

$$f[N(i)]=\begin{cases}N(i), & N(i)\geqslant 0\\ 0, & N(i)<0\end{cases} \tag{4.5}$$

因此，对于小的 $z(i)$，有

$$N(i) \sim x(i) - z(i) \tag{4.6}$$

同时，当 v 很大的时候，有

$$N(i) \sim \left[\frac{x(i)}{z(i)}\right] - 1 \tag{4.7}$$

此外，如果 x 和 z 都随着γ线性增长，即

$$x = p\gamma \tag{4.8}$$

$$z = q\gamma \tag{4.9}$$

其中，p 和 q 是常数，那么

$$y = \left(\frac{p-q}{2q}\right)\left\{1 + \tanh\left[\log\left(\frac{pq}{2}\right)\right]\right\} \tag{4.10}$$

与生物感知神经元的反应近似的有 Webber-Fechner 定律。

4.3.2　抑制性神经元

抑制性神经元的输出为

$$v(i) = \sum i\left[c(i)y(i)\right] \tag{4.11}$$

其中，$y(i)$ 是兴奋性神经元的输出。

$$\sum i\left[c(i)\right] = 1 \tag{4.12}$$

其中，权重 $c(i)$ 是提前给定的，并且在网络训练阶段不进行修正。

4.4　认知机网络的训练

在两层认知结构中，只要神经元在 $a(j,i)$ 、$y(i)$ 和 $c(j)$ 所在的式(4.1)、式(4.3)和式(4.11)中分别都是获胜神经元，兴奋性神经元 $a(j,i)$ 的权重就可以由式(4.13)中的 δa 迭代而来，即

$$\delta a(j,i) = qc^*(j)y^*(i) \tag{4.13}$$

其中，参数 q 是提前被设定的；*表示前一层。

值得注意的是，在每个竞争层 $L1$ 中有多个兴奋性神经元，却只有一个抑制层。对兴奋性神经元的抑制权 $b(j)$ 进行迭代，即

$$\delta b(i) = q\sum j\left[a(i,j)y^2(j)\right]/2v^* \tag{4.14}$$

其中，$b(i)$ 是 $L1$ 层抑制性神经元和 $L2$ 层第 i 个兴奋神经元之间的连接权重；$\sum j$

表示从 $L1$ 层所有兴奋性神经元到与 $L2$ 层相同的第 i 个神经元的权重的总和；v 表示抑制性输入的值；q 为速率系数。

如果在给定的竞争区域没有神经元活动，则式(4.13)和式(4.14)会分别被式(4.15)和式(4.16)取代，即

$$\delta a(j,i) = q'c(j)y(i) \tag{4.15}$$

$$\delta b(i) = q'v(i) \tag{4.16}$$

其中

$$q' > q \tag{4.17}$$

这样，现在抑制性输出越高，其权重就越高。这与式(4.13)的情况形成鲜明的对比。

(1) 初始化

所有权重的初始值都设为 0，并且没有神经元活动(没有神经元提供输出)。因此，第一个输入通过兴奋神经元的第一层，网络的输入向量作为输入到 $L1$ 的 y 向量，可以通过式(4.15)计算这个过程。

(2) 侧抑制

抑制性神经元位于 $L2$ 层中的每个竞争区域，提供侧抑制的目的(类似于在自适应共振神经网络中使用的侧抑制)。该抑制性神经元通过权重 $g(i)$ 从兴奋性神经元接收输入以产生输出 λ，即

$$\lambda = \sum i\left[g(i)y(i)\right] \tag{4.18}$$

其中，$y(i)$ 表示前一层($L1$)兴奋性神经元的输出，并且有

$$\sum j\left[g(i)\right] = 1 \tag{4.19}$$

然后，$L2$ 抑制性神经元的输出 λ 修正第 i 个 $L2$ 兴奋性神经元从 $y(i)$ 到 $\varphi(i)$ 的实际输出，即

$$\varphi(i) = f\left\{\frac{\left[y(i)-\lambda\right]}{\left[1+\lambda\right]}\right\} \tag{4.20}$$

其中，$y(i)$ 如式(4.3)所示；f 如式(4.5)所示，形成侧抑制的前馈形式，并且适用于所有层。

4.5 新 认 知 机

新认知机是由 Fukushima 等提出的一个更先进的认知机版本。它在本质上是分层的，就是为了模拟人类的视觉。

在认知机中，认知被安排在 2 层组成的层次结构中。这两层分别是简单的单元层(S 层)和集中层(C 层)，从 S 层开始以 S1 表示，以 C 层(例如 C4)结束。S 层的每个神经元响应其输入层的给定特征(包括整个网络的输入)。C 层的每个阵列通常以一个 S 层阵列为深度输入。

神经元和阵列的数量通常逐层下降。新认知机的原理图如图 4.2 所示。这种结构使新认知机能够克服原始认知识别失败的问题。例如，角度扭曲的图像(如手写识别问题中，有些旋转的字符或数字)。

在文献中，很少有关于认知机或新认知机的应用，这些应用似乎都在图像识别领域。长时间计算和其他神经网络的进展，特别是 CNN 的出现(第 5 章)可能是造成这种情况的原因。因此，在本书的案例研究中，没有一个是使用“认知机”或“新认知机”。然而，它的开创性思想启发了整个深度学习神经领域，特别是 CNN 的发展。

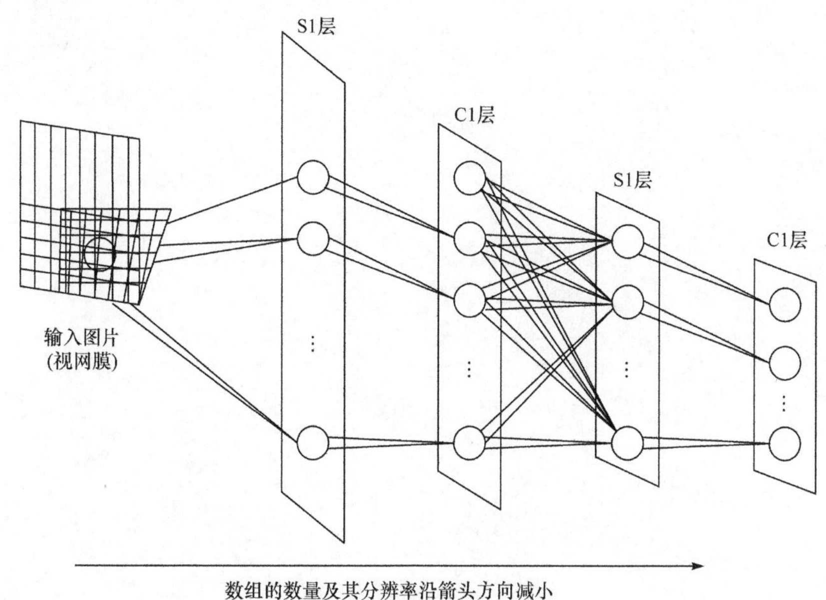

图 4.2　新认知机的原理图

参 考 文 献

Graupe D, Principles of Artificial Neural Networks (3rd edition), (World Scientific Publishing Co., 2013).

Guyton A C, Textbook of Medical Physiology (14th edition), (W B Saunders Publishing Co., 1971).

Fukushima K, MCognitron: A self-organizing multi-layered neural network", Biological Cybernetics 20:121-175 (1975).

Fukushima K, “Neocognitron: A self-organizing neural network model for a mechanism of pattern

recognition unaffected by shift in position" Biological Cybernetics 36(4):93-202 (1980).
Fukushima K, Miyake S, Ito T, "Neocognitron: A neural network model for a mechanism of visual pattern recognition" IEEE Transactions on Systems, Man, and Cybernetics13(3):826-834 (1983).
LeCun, Y. Boser B, Denker J S, Henderson D, Howard R E, Hubbard W, Jackel L D, "Backpropagation applied to handwritten zip code recognition" Neural Computation1(4): 541-551 (1989).
Minsky M, Papert S, Perceptrons (MIT Press, 1969).

第 5 章　卷积神经网络

5.1　引　　言

CNN 是目前应用最广泛、最流行的 DLNN。与传统的降阶神经网络(第 4 章)相比，它是一种真正的深度学习网络。本书讨论的 CNN 主要介绍卷积本身和卷积的学习能力。CNN 常被认为是 DLNN。它适用于一类神经网络，源于 LeCun 及其同事在 1989 年的研究和 Le-Net 算法。正如第 1 章提到的，CNN 的灵感源于生物视网膜的模型和 Fukushima 的认知机。本书第 4 章对这些模型进行了讨论。其计算采用 BP 算法，使用离散形式的卷积积分，其中卷积函数(滤波器)是某些(3D)数字(参数)容量的算法形式。

Hubel/Fukushima 的认知机和几何卷积函数的使用都表明，卷积网络是在考虑视觉/成像(2D/3D)应用的情况下开发的，具有强大的性能和广泛的应用。Hinton 等指出，它在语音和自然语言处理方面同样有效，这显然为其扩大了应用领域。在本书的案例附录中给出了许多例子。尽管卷积网络有许多变体，考虑特定的应用，我们将以广泛使用的 LeNet 5 的形式呈现它，并做一些变化。Krizhevsky、Sutskever 和 Hinton 设计的 CNN 基于 LeNet 体系结构，但几个卷积层是堆叠在一起的(而不是紧随其后的池化层)。

在下面的一些案例中，确实出现其他一些变化，但仍然遵循下面讨论的基本结构。

5.2　前 馈 结 构

5.2.1　基本结构

CNN 的原理框图如图 5.1 所示。其他应用需要重构输入，从而构造输入特征图(在第 1 阶段)。

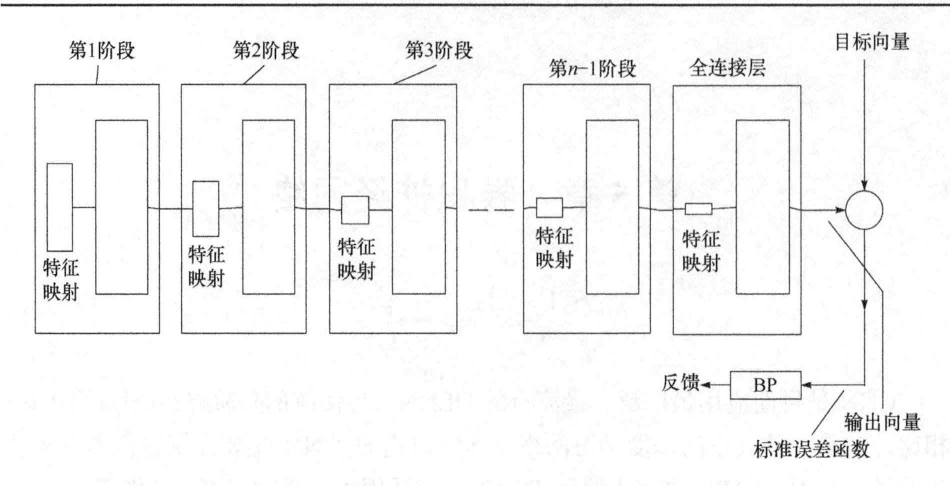

图 5.1　CNN 的原理框图

CNN 前馈回路各部分的主要内容可概括如下。

① 特征映射(feature map，FM)。在图像处理和大多数其他应用中，使用矩阵或张量作为输入向量。

② 卷积层。卷积层通常有很多层，取决于问题的维度和复杂性。卷积由 FM 区域上的核函数计算。核函数是经典控制理论意义上的传递函数。

③ 修正线性单元(rectified linear unit，RELU)层。通常跟随每个卷积层，并与它们一起重复。

④ 池化层。有许多重复层，它们通常在卷积层和 RELU 层后。

⑤ 全连接(fully connected，FC)层。一个单一的、完全连接的输出层，用于分类和决策，在前馈回路的末尾。

RELU 和池化不需要在每个前馈阶段重复使用。此外，RELU 可以被下面讨论的其他非线性算子替代。

CNN 设计的另一个重要方面是在核函数设计中使用参数共享。这对加速该神经网络的使用能起到重要的作用。参数共享可应用于所有或特定的 FM。不同 FM 的不同区域可以使用不同的共享参数或根本不共享。

CNN 不限于视觉输入，只要输入可以转换为特征图，就可以作为 CNN 的输入。图 5.1 的 FM 可以是图像，也可以等效为图像，并由 CNN 处理。

卷积层考虑神经元三维排列，即宽度、高度、深度。

最流行的 CNN 结构是对卷积、RELU 和池化三种函数的重复排列，如图 5.2 所示。

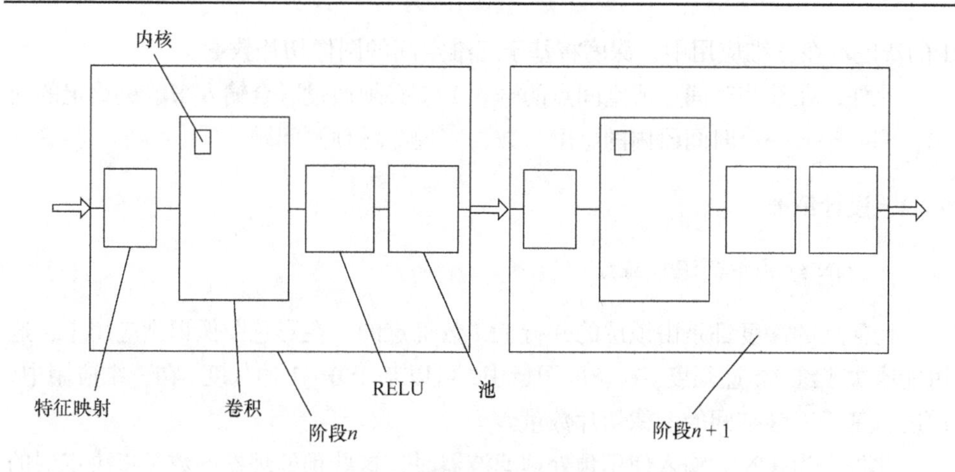

图 5.2　卷积-RELU-池化序列

通常，层的排列从输入 FM(如图像)开始，并由 FC 的输出(决策)层终止。通过修改上面三个层的分组，使“对”{卷积层/RELU 算子}重复两次(或更多)，然后是池化层。序列卷积-RELU-池化的修正如图 5.3 所示。

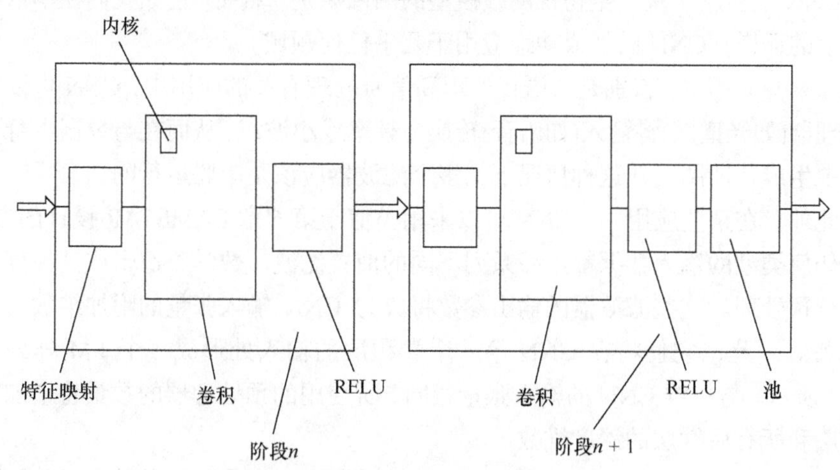

图 5.3　序列卷积-RELU-池化的修正

各个阶段的卷积层接收的主要是二维或三维输入，并在处理后将其以二维或三维的形式传输到下一层。CNN 的卷积层和 FC 层都包含要学习(训练)的权重(参数)，而 RELU 层和池化层则没有，尽管池化层具有超参数。

下面讨论上述所有层和运算符，以及包含在这些层中的特性，如 BP 和参数共享。

在 CNN 结构中，任何层的体积深度都是由该层并行 FM 的数量确定的。在彩色图像识别应用中，可能取决于红-绿-蓝强度。在灰度图像中，它可以基于 0～

1 的灰度。在三维应用中，深度将基于三维空间的图像切片数量。

此外，在某些时间点或空间点的输入 FM 必须通过联合输入来解决给定的问题，例如输入一个时间段内的金融参数，实现金融预测问题。

5.2.2 设计细节

1. CNN 结构中的深度维度

任何层的深度都是由该层的并行 FM 数确定的。在彩色图像识别应用中，这可能取决于红-绿-蓝强度。在灰度图像中，可以基于 0～1 的灰度。在三维应用中，深度将基于三维空间的图像切片数量。

此外，当 CNN 输入使用预处理滤波器时，这些预处理器的数量将决定层的深度。在应用中，必须在特定的时间或空间点共同输入 FM，以解决给定的问题。

2. 应用通用性的设计扩展——输入预处理阵列

CNN 最初用于基于生物视网膜模型的图像识别。然而，正如我们在本章后面所展示的那样，CNN 已经成功地应用于几乎任何领域。

在某些应用中，特别是与语音处理和信号处理有关的应用中，CNN 可以使用预处理器(如光谱图)将输入(如语音)转换为频率或小波域，从而在与数据本身不同的域中生成特征图。在这种情况下，多个滤波器应该是串联运行的。

此外，在某些应用中，CNN 可以采用类似于第 6 章 LAMSTAR 设计的方法，其中任何类型的输入数据都用一系列不同的前置滤波、数学、逻辑或其他算法形式进行预处理。这些滤波器的输出参数将成为 CNN 输入张量的附加维数，与图像无关。因此，它们将在 CNN 第一个卷积层的输入处形成一个 FM 阵列，如图 5.4 所示。与三维 CNN 的输入张量相同，所使用的预处理器的数量将增加第一卷积层和所有后续层的深度维数。

在某些应用中，可以使用 LAMSTAR 各个 SOM 层中的优胜神经元的矩阵项作为其输入，从而融合不同预处理器或协处理器的输出。

上面的扩展可以很容易地使用并行计算进行协同/预处理，就像 LAMSTAR 的设计一样。参数共享(5.3 节和 5.8 节)可能在图像处理以外的大多数应用中无效。

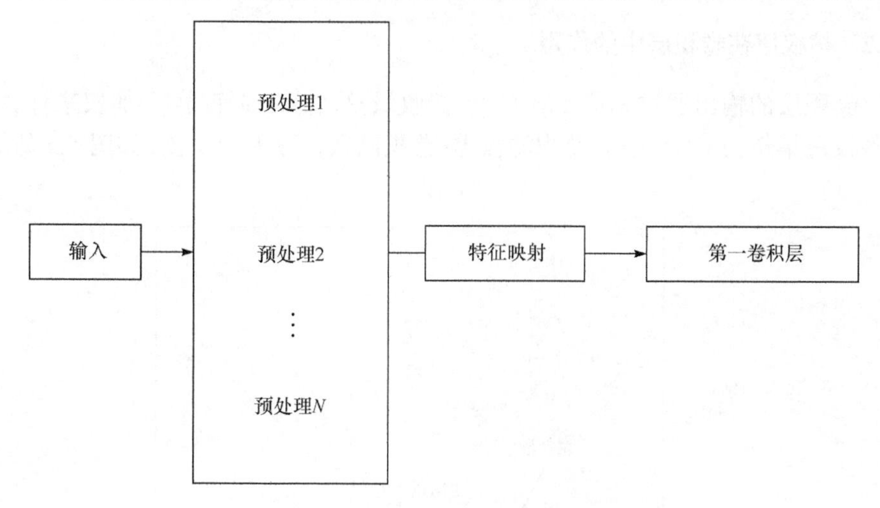

图 5.4　集成 n 维 CNN 输入的预处理器

5.3　卷　积　层

5.3.1　卷积滤波器设计

根据定义，卷积需要一个滤波器(传递函数)表示核函数，对层的输入进行转换。核函数(矩阵或张量)由学习(训练)权重组成。它通过应用矩阵离散卷积运算将输入图像进行卷积(折叠)，如式(5.1)将输入 FM 转换为这一层的输出，即

$$\omega_{rq} * x_q = z \tag{5.1}$$

其中，ω_{rq} 和 X_q 分别为卷积(矩阵)函数和输入。

$$z(m,n)=\sum_{k=0}^{K-1}\sum_{l=0}^{L-1}\omega_{rq}(k,l)x_q(m+k,n+l),\quad q=1,2,\cdots,Q,\quad r=1,2,\cdots,R \tag{5.2}$$

其中，Q 和 R 分别为 FM 的输入和输出。

如第 3 章所述，权重的学习(训练)是通过 BP 算法进行的。

CNN 的另一个重要组成部分是完全或部分参数共享,这有助于 CNN 的加速。层数过多是 BP 神经网络缓慢的一个主要原因，因此它作为一个独立的 DLNN 的用途有限。然而，BP 仍然是 CNN 的一个重要工具，因为它提供了一种多层网络学习机制。BP 用于 CNN 中的前向或后向传播取决于 BP 算法的输入在计算中的位置。

5.3.2　核权值在卷积层中的作用

卷积层的输出通过相应 FM 区域(接收域)的输入(训练/学习)加权来计算。这些权重集作为 CNN 中的卷积滤波器(卷积函数)，称为卷积核，如图 5.5 所示。

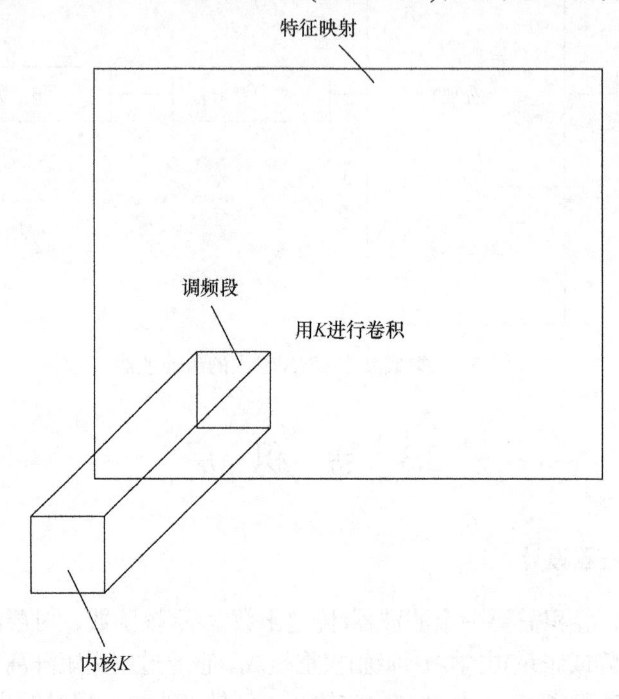

图 5.5　卷积核

参数共享在核滤波器中的作用是一个重要的特征，这有助于加速算法学习网络。如图 5.6 所示为卷积层的运算过程。

5.3.3　卷积层的输出

考虑一个图像识别问题，其中第一卷积层的输入 FM 为 $N \times D$ 维。D 是输入图像的深度，也是同一层一组 $K \times K \times D$ 维的权重(核)。每一行输出的神经元数量为

$$V = (N - K + 2P)/S + 1 \tag{5.3}$$

其中，P 为行边缘(使用零加法时)空神经元(像素)的数量；S 为步长，即相邻核之间的距离(一个核开始到下一个核之间的像素数)。

在图像的水平行中，使用的步长 S 不必与各列使用的步长相同。

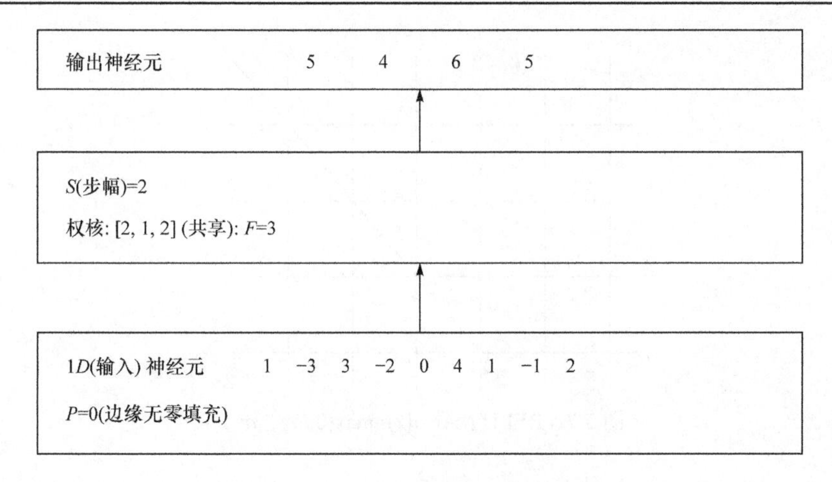

图 5.6　卷积层的运算过程(一维 FM 案例)

5.4　反向传播算法

CNN 中所有权重的训练(更新)都是通过 BP 进行的。误差从输出层通过 CNN 逐层传播。权重训练只在卷积层和 FC 层进行。

BP 既可以用于前向传播网络，也可以用于后向传播网络，这取决于输入的形式。在向前通过池化层时，建议跟踪最大激活指数，以使在 BP 期间进行有效操作。

5.5　修正线性单元层

RELU 是一个非饱和激活函数 $f(x)$，满足下式，即

$$f(x)=\max(0,x) \tag{5.4}$$

在 RELU 层，非饱和激活函数的输入来自从卷积层接收的信息。RELU 层不执行任何学习，也不应用任何其他函数或超函数。

RELU 函数是一个硬性极大函数，在不影响卷积层接收的情况下，增强了决策函数和整个 CNN 的非线性性质(图 5.7)。实践证明，在 CNN 结构中加入重复的 RELU 层可以提高网络的计算速度，并且对卷积计算或训练精度没有影响。

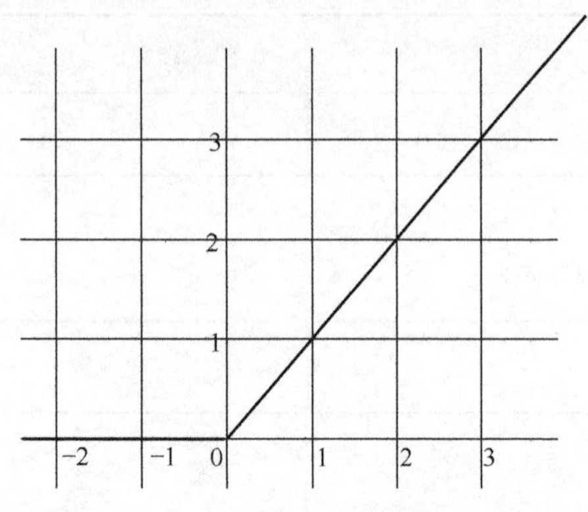

图 5.7　RELU 函数 $f(x)=\max(0,ax)$，$a=1$

5.6　池 化 层

为了提高 CNN 对复杂深度学习问题的计算速度，特别是对于多像素图像，池化层被融合在 CNN 结构中。池化操作能逐渐缩减卷积层的大小、分辨率，以及计算工作量，从而加快计算速度，控制过拟合。它在每个输入区域独立运行。在池化层中不执行学习，其任务仅限于采样。如 5.2 节所述，池化层在 CNN 中可以重复设置。

5.6.1　最大池化

在 CNN 中，首选的池化方法是最大池化，即从给定的区域选取最大响应节点。生物学和心理学证据表明，这种聚焦也被用于人类视觉。最大池化的原则是将一个集合化简为一个较低的集合，如图 5.8 和图 5.9 所示。

5	2	9	4
7	1	0	3
4	2	7	4
3	5	8	6

图 5.8　4×4 像素区域

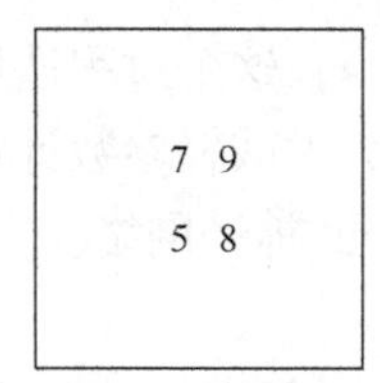

图 5.9　2×2 像素区域

一个区域(方块)被其最大像素值(元素值，即图像强度)取代。因此，较大的区域被一个较小的区域取代，后者由该较大区域内各区域的最大值组成。这在数学上可以表示为

$$a_j = \max_{N\times N}\{a_j^{n\times n}u(n,n)\} \tag{5.5}$$

其中，$u(n,n)$ 为相关的窗口函数。

在最大池化层，误差为 $\arg\max_{N\times N}\{a_j^{n\times n}u(n,n)\}$，因此最大池化层中的误差映射是稀疏的。如果使用重叠池化窗口，那么在一个单元中积累几个误差信号将是明智的。

5.6.2　平均池化

在 CNN 中，最大池化的一种替代方法是平均池化法。与最大池化不同，平均池化将求区域最大值操作修改为区域平均值操作，即

$$a_j = \mathrm{ave}_{N\times N}\{a_j^{n\times n}u(n,n)\} \tag{5.6}$$

5.6.3　其他池化方法

池化函数还可由下式给出，即

$$a_j \tanh\left(\beta\sum_{N\times N} a_j^{n\times n} + b\right) \tag{5.7}$$

然而，最大池化是最常见的，在大多数情况下，其性能也比其他池化方法优越。

5.7　随机失活层

随机失活(Dropout)是由 Hinton 等为减少 DLNN 中的过拟合提出的。采用 Dropout 时，前馈操作依概率 p 受控于独立的伯努利随机变量向量，即网络中的任何神经元在该概率下是断开的。因此，对门控向量进行采样，随机选择的概率与给定层的输出成正比，从而减少(细化)运算神经元数目和输出数。细化的输出

作为下一层的输入，如果执行得当，这个过程适用于每一层，能够从一个较大的网络产生一个子网络，因此可以大大减轻参数计算的工作量，加快计算速度，使用 BP 随机梯度下降来训练 Dropout 神经网络。

5.8　输出全连接层

在 CNN 正向环路的末尾，有一个 FC 层(图 5.1)。这一层为 CNN 做出学习决策服务。FC 层转换卷积层(阶段)最后(先前)元素的输出。如图 5.2 和图 5.3 所示，转换成 N 个数字的矢量(即 $1\times1\times N$ 的矩形)。这些数字代表从 CNN 的输入 FM 分出的 N 类(可能的结果)。例如，在二进制决策过程中，N 为 2。随后，FC 层的矢量输出连同图 5.1 中的目标向量，通过内积向量乘法产生标量误差函数。这个误差函数可以作为 CNN 的 BP 反馈回路学习的驱动误差函数(图 5.1)。

5.9　参数(权重)共享层

在许多使用 CNN 的图像识别问题中，每个滤波器 h_i 被复制到整个网络中。复制滤波器共享相同的参数(权重向量和偏置)并形成 FM。权重共享能影响卷积和次采样层。

参数共享的基本假设是，对于输入 FM 的某个空间位置有用的参数(权重)集在不同的位置上也是有用的。

如果是区分稀有的部分，或者可能存在一个中心特征网，则这个假设是不合理的。因此，在许多情况下，它是不相关的。此外，它也可能与图像处理问题无关，这取决于任务的细节。

如果上述情况仅适用于图像的某一特定(足够大的)区域，那么我们仍然可以在该区域使用部分参数共享(也称有限参数共享)。当参数共享可用时，它在 CNN 中会产生相当快的计算速度。

5.10　应　　用

CNN 的大部分应用都是在视觉领域，这促使该结构在 1989 年后不断发展。同时，其在语音识别领域也有着众多的应用。下面列出一些 CNN 的应用。

1. 图像识别(2D 和 3D)

首先，CNN 是为图像识别问题发展起来的，并扩展到许多应用领域。2003 年，CNN 在图像识别中的应用报告中对 10 位受试者的 5600 张静止面部图像的误判率为 2.4%。2012 年，Ciresan 等对手写文本 MNIST 数据库 CNN 应用的误判率为 0.23%。CNN 在二维和三维图像识别中的应用广泛。我们只提到 Ji 等提出的 3D 模型在人类行动识别中的应用。

2. 视频处理

在CNN的视频处理应用中，我们提到Karpathy等，以及Simonyan和Zisserman在 2014 年的论文。

3. 语音识别

这一领域的重要论文之一是由 Abdel-Hamid 等在 2013 年语音会议上发表的。

4. 游戏

Clark 和 Storkey 的一篇论文报道了 CNN 在使用人类专业围棋数据库训练时，学习速度很快，并且比一些基于蒙特卡罗的围棋游戏要更胜一筹。

5. 其他应用领域

自然语言处理、金融、故障检测、搜索引擎，使用三维方式展示化学连接的药物发现和人类行为识别等。

5.11 案例研究

在本书附录中，我们提供了 14 个案例，涵盖 CNN 的多种应用。多个案例将 CNN 与其他结构在相同的情况下进行比较。

附录中的案例主题包括人脸识别、指纹识别、癌症检测和 DNA 分类、人类活动识别、场景分类、2D 图像的三维深度检索、蝴蝶种类、叶子分类、金融预测、癫痫发作检测、语音识别和音乐类型分类。

参考文献

Abdel-Hamid O, Deng L, Yu D, “Convolutional neural network structures and optimization techniques for speech recognition”, Interspeech Conf.(2013), pp. 3366-3370.

Calderon-Martinez J A, Campoy-Cervera P, “An application of convolutional neural networks for automatic inspection”. IEEE Conf. on Cybernetics and Intelligent Systems (2006), pp. 1-6.

Ciresan D, Meier U, Schmidhuber J,“Multi-column deep neural networks for image classification”,EEE Conference on Computer Vision and Pattern Recognition (2012).

Clark C,Storkey A,“Teaching deep convolutional neural networks to play go”,arXiv preprint arXiv: 1412.3409 (2014).

Collobert R, Weston J, "A unified architecture for natural language processing: Deep neural networks with multitask learning", Proceedings of 25th ACM International Conference on Machine Learning (2008).

Dixon M, Klabian D, Bang J H, "Implementing deep neural networks for financial market prediction on the Intel Xeon Phi", Proc 8th Workshop on High Performance Computational Finance, Paper No. 6 (2015).

Dong L, Yu D, "Deep learning methods and applications", Foundations and Trends in Signal Processing 7(3-4): 197-387 (2014).

Doraszelski U, Judd K L, Avoiding the curse of dimensionality in dynamic stochastic games, Quantitative Economics, 3(2012),53-93.

Fukushima K, "Cognitron: A self-organizing multi-layered neural network", Biological Cybernetics 20:121-175 (1975).

Fukushima K, "Neocognitron: A self-organizing neural network model for a mechanism of pattern recognition unaffected by shift in position", Biological Cybernetics 36(4): 193-202 (1980).

Graupe D, Principles of Artificial Neural Networks(World Scientific Publishers, 1997).

Graupe D, Kordylewski H, "A large memory storage and retrieval neural network for browsing and medical diagnosis applications", Intelligent Engineering Systems through Artificial Neural Networks, eds. Dagli C H et al., Vol. 6, 711-716: (ASME Press, 1996).

Hubel D H,Wiesel T N,"Receptive fields of single neurons in the cat's striate cortex", J Physiol 148(3):574-591 (1959).

Ji S, Xu W, Yang M, Yu K, "3D Convolutional neural networks for human action recognition", IEEE Transactions on Pattern Analysis and Machine Intelligence 35(1): 221-231. doi:10. 1109/TPA M I.2012.59. ISSN 0162-8828. PMID 22392705, 2013.

Karpathy A, Toderici G, Shetty S, Leung T, Sukthankar R, Fei-Fei L, "Large-scale video classification with convolutional neural networks", IEEE Conference on Computer Vision and Pattern Recognition (CVPR), 2014.

Karpathy A, et al., GITHUB-Stanford University, http://cs231n.github.io/ convolutional networks/, retrieved Feb 20, 2016.

Krizhevsky A, Sutskever I, Hinton GE, "Imagenet classification with deep convolutional neural networks", Advances in Neural Information Processing Systems 25 (NIPS 2012), papers.nips.cc, 2012.

LeCun Y, Boser B, Denker J S, Henderson D, Howard R E, Hubbard W, Jackel L D, "Backpropagation applied to handwritten zip code recognition". Neural Computation 1(4): 541-551(1989).

LeCun Y,Bottou L,Bengio Y,Haffner P,"Gradient-based learning applied to document recognition", Proceedings of the IEEE 86(11):2278-2324(1998). doi: 10.1109/5.726791.

Matusugu M,Mori K,Mitar Y,Kaneda Y,"Subject independent facial expression recognition with robust face detection using a convolutional neural network", Neural Networks 16(5):555-559 (2013).

Rios A,Kavuluru, R,"Convolutional neural networks for biomedical text classification: application in indexing biomedical article", Proc. 6th ACM Conf. on Bioinformatics, Computational Biology and Health Informatics (2015), pp. 258-267.

Scherer D, Muller A, Behnke S,"Evaluation of pooling operations in convolutional architectures for object recognition", http://www.ais.uni-bonn.de, 20th International Conference on Artificial Neural Networks (ICANN), Thessaloniki, 2010.

Simonyan, K, Zisserman, A, "Two-stream convolutional networks for action recognition in videos", arXiv:1406.2199 [cs.CV], 2014.

Siripurapu A, "Convolutional networks for stock trading", http://cs231n.stanford.edu/ reports/ashwin_final_paper.pdf.

Srivastava N, Hinton G, Krizhevsky A, Sutskever I, Salakhutdinov R, "Dropout: A simple way to prevent neural networks from overfitting". Journal of Machine Learning Research 15:1929-1958 (2014).

Wallach I,Dzamba M,Heifets A,"AtomNet: A deep convolutional neural network for bioactivity prediction in structure-based drug discovery", arXiv:1510.02855 [cs.LG], 2015.

第 6 章　大内存存储与检索神经网络

6.1　大内存存储与检索神经网络原理

6.1.1　简介

本章讨论的神经网络是一种用于快速大规模存储和信息检索的深度学习 ANN。这种网络试图模拟人类 CNS 有关存储和检索模式、印象和感知观察的过程，包括遗忘和回忆的过程。至少在输入/输出层面，它可以做到这一点，而不与生理和心理观察的结果矛盾。此外，LAMSTAR 网络使用前几章的神经网络工具，以一种更高效的方式进行计算。因此，它采用基于 SOM 的层，并将它们与 Kohonen 的 WTA 结合。就像本书第 2 章所述，它还在其架构中使用 Hebbian 权重。

LAMSTAR 在权重的利用方式上与其他神经网络不同，因为它区分存储权值。存储权值本质上是 AM 权值与皮层之间的连接权值。如第 2 章所述，这是它的学习引擎，并且通过简单、快速、智能地集成尽可能多的协同处理器，为其提供深度学习能力。

在概念上，连接权值基于康德提出的 Verbindungen 概念，即在《纯粹理性批判》中引入的相互联系。康德认为，理解的过程基于两个基本概念，即记忆元素(事物，记忆的原子)和存储器元件间的互连(事物)。缺失任意一个要素，理解就无法实现。在 ANN 中，内存存储是通过 AM 的权重，就像 SOM 层的实现，而 Verbindungen 是通过 Hebbian 原则实现的，这只是隐藏在多数设计中。在 LAMSTAR 中，Verbindungen 通过使用 Hebbian 或 Pavlovian 的方式引入连接权值。

这些连接权值是通过功能性磁共振成像观察到的从 CNS 的一部分到另一部分的神经信息连接(流)的权重。它们是地址相关门(links)，可用于机器学习，并与 Minsky 的 K-Lines (knowledge-lines)相关。连接权值的使用使 LAMSTAR 成为一个透明的网络，这就与其他 ANN 形成鲜明的对比。

连接权值在结构和操作上都是由生物学驱动的，它们遵循 2.1 节讨论的 Hebbian 基本规则。从 1901 年巴普洛夫的条件反射实验的意义来说，这一现象经过功能性磁共振成像观察实验得到了验证。磁共振成像观察实验还验证了大脑皮层之间的联系。这种结构还支持 LAMSTAR 中用于连接权值的上/下计数和惩罚/奖励机制，通过避免在其基本结构中进行复杂的数学计算，可以大大提高网络的效率。

此外，非线性函数的集成也与生物学有关。CNS 能集成外部传感器，如视网膜、耳蜗，但气味和味道的复杂敏感化分析的集成是以一种 inter-cortex 的方式进一步在 CNS 中加工和并行处理的。

LAMSTAR 网络的主要特征之一是遗忘特征，在非平稳环境下的学习有生物学上的重要意义，而这种抑制特征对于 CNN 来说也是很重要的。LAMSTAR 还可以补偿不平衡的数据集(6.5 节)，并且它包含抑制。此外，它对初始化问题不敏感，最重要的是它可以不间断地学习(训练)。这也避免了陷入局部极小值。上述特点，尤其是遗忘和不间断的学习，也有助于网络避免过拟合。

6.1.2　大内存存储与检索神经网络的版本

本章讨论 LAMSTAR 的两个版本，即 LAMSTAR-1(原始版本)、LAMSTAR-2(经过修改或规范化的 LAMSTAR)。后者是基于 Schneider 和 Graupe 研究的一个新版本。两个版本都有相同的基本原则，区别不大。因此，除 6.3 节，所有描述都适合这两个版本。由于修改后的 LAMSTAR 无论在理论上，还是实际上总是优于原始版本，因此我们将原始版本称为 LAMSTAR-1，将修改后的版本称为 LAMSTAR-2。2008 年之前的文献中提到 LAMSTAR 时，多与 LAMSTAR-1 有关。2008 年之后，当提到修改后的 LAMSTAR 时，通常与 LAMSTAR-2 有关。尽管如此，本书单独讨论 LAMSTAR 时，两个版本都适用。

本书任何单独使用术语 LAMSTAR 的讨论都适用于这两个版本，否则将特别说明。第 8 章及其附录的案例说明了这两个版本在性能上的差异，解释了分别引用每个版本的必要性，以及如何在不同需要时选择正确的版本。

6.2.1 节和 6.3.3 节提出的 LAMSTAR-1 和 LAMSTAR-2 的核心算法，用来鉴别两个版本之间的差异。实际上，LAMSTAR-1 的核心程序可以从 LAMSTAR-2 中提取出来，反之亦然。

6.1.3　大内存存储与检索神经网络的基本原理

LAMSTAR 神经网络的两个版本专门用于解决涉及大量类别的信息检索、诊断、分类、预测和决策问题。考虑计算效率，LAMSTAR 神经网络被设计成存储模式和检索模式。在这个过程中，使用神经网络作为工具，特别是基于 Kohonen 的 SOM 网络模块，同时结合统计决策的工具。

根据 6.1.4 节所述，LAMSTAR 网络特别适合处理分析和非分析问题，在这些问题中，数据具有非常多不同的类别和向量维数，有些类别存在部分或完全缺失，而且大量的数据需要非常快速的算法。当缺失数据时，不需要重新编程或中断操作。上述这些特征在其他神经网络中是很少见的，尤其是当它们共存的时候。

LAMSTAR 可以看作是智能专家系统，通过学习和关联，对每个案例的专家信息不断进行排序。网络的遗忘、插值和外推特性进一步凸显了这些特性。这使网络可以通过遗忘来缩小存储的信息，并且仍然能够通过外推或插值近似地估计被遗忘的信息。LAMSTAR 的完全透明是由于它独特的权值结构，连接权值能够提供关于网络中任何时间和任何点上发生的事情的明确信息。

正如前面提到的，LAMSTAR 在深度学习方面的计算能力，在很大程度上取决于它能够很容易地将任何外部协同处理器的输入(无论是数学上的、分析上的，还是其他的)整合到输入层阵列。因此，该网络已成功应用于各个领域的多种决策、诊断和识别问题中。

神经网络的基本原理几乎适用于所有的神经网络方法。它的基本神经单元或细胞(神经元)被所有神经网络使用。因此，如果在记为 x_{ij} 的第 j 层给定一个神经元 i 的输入 p(来自其他神经元、输入到整个或部分网络的传感器)，该神经元的(单个)输出记为 y，则该神经元的输出 y 满足下式，即

$$y = f\left[p\sum_{i=1} w_{ij} x_{ij} \right] \tag{6.1}$$

其中，$f[\ ]$ 是一个非线性函数，记作激活函数，可视为(硬或软)二进制(或双极)开关；权重 w_{ij} 是分配给神经元输入的 AM 权值，其设置是神经网络的学习动作。

此外，神经放电(产生输出)是要么全有，要么全无的性质。采用 WTA 原则，在 2.4 节中，输出只由获胜的神经元产生。

通过使用连接权值结构进行决策和浏览，LAMSTAR 网络不但像其他神经网络那样考虑内存值 w_{ij}，而且考虑这些内存和决策模块，以及内存本身之间的相互关系(前面讨论的 Verbindungen)。这些关系(连接权值)是它的基本操作。正如 2.1 节提到的，互连 inter-cortex 权重(连接权值)调整服务于神经元之间的传输。连接权值作为突触间或皮层间的权值应进行相应调整。这些权重及其调整方法原则上符合 CNS 的组织结构。此外，它们还对 LAMSTAR 插值/外推，以及在数据集不完整的情况下，不重新编程或重新训练的操作能力负责。

6.1.4 基本结构元素

LAMSTAR 网络的基本存储模块是改进的基于 AM 的 SOM 模块。它们是根据所需的分辨率和存储权重与任何输入子词(sub-word)的接近程度而设置的。在 LAMSTAR 网络中，信息通过 SOM 模块中单个神经元之间的连接进行存储和处理。LAMSTAR 能处理大量类别，部分原因是它使用简单的连接权值计算，以及遗忘特性和从遗忘中恢复的特性。连接权值是网络的主要引擎，连接 SOM 模块

的许多层，因此重点是内存原子之间连接权值的关系，而不是内存原子本身。与传统的 ANN 相比，该设计更接近生物神经网络中的知识处理。遗忘特性是生物网络的一个基本特性，具有处理不完整数据集的能力。

输入是一个编码实矩阵 X，即

$$X=\left[x_1\ x_2 \cdots x_N\right] \tag{6.2}$$

其中，x_i 是子量(描述输入子词的类别或属性)，每个 x_i 连接到相应的第 i 个 SOM 模块，该模块存储与输入子词的第 i 个类别相关的数据。

许多输入子词，以及几乎任何其他神经网络结构的许多输入，都只能在预处理后得到。在信号/图像处理问题中，只有自回归或离散谱/小波参数可以作为子词，而不是原始信号本身。

在大多数 SOM 网络中，SOM 模块的所有神经元都被检查是否接近给定的输入向量，而在 LAMSTAR 网络中，由于可能涉及的神经元数量巨大，一次只能检查 q 个神经元的子组。有限的 p 个神经元集合由连接权值(N)确定。一个广义 LAMSTAR 框图如图 6.1 所示。然而，如果一个给定的问题需要考虑量化，只有少量的神经元在给定 SOM 存储模块，即输入子词的可能状态，那么所有神经元将检查可能的存储和随后获胜神经元的选择。SOM 模块(层)和 N_i 权重未被使用。因此，如果输入子词的量化级别很小，那么子词就会被直接引导到预定 SOM 模块(层)的所有神经元。

构成其决策引擎的 LAMSTAR 的主要元件是连接权值阵列。该权重阵列包含输入 SOM 层的所有输入层和输出层之间的连接权值。这些输入层连接权值是根据流量大小更新的。输出层的连接权值是根据决策的成功或失败由奖励/惩罚机制更新的。该学习过程不限于训练数据，而是针对给定的问题连续地运行 LAMSTAR。权值初始化很简单，所有权值最初设置为零。因为反馈是在每个周期结束时提供的，即一步延迟，所以 LAMSTAR 的前馈结构保证了它的稳定性。有关连接权值调整，LAMSTAR 体系结构简化版本强化(惩罚/奖励)反馈策略和相关主题的详细信息，将在下面的章节讨论。

图 6.2 所示为 LAMSTAR 体系结构的简化版本。这个设计是对广义体系结构的精简，因为每个输入子词被预先分配到一个特定的输入 SOM 层。在附录的案例研究中也采用这一方法。大的浏览/检索案例很少有关于预期输入类型的先验信息，因此应采用图 6.1 的完整设计。图 6.2 的设计忽略了从一个输入层到另一个输入层的内部权重，以及 N_{ij} 的权重，因为它们通常不会被实现(除了来自巨大数据库的非常具体的检索和搜索引擎问题)。

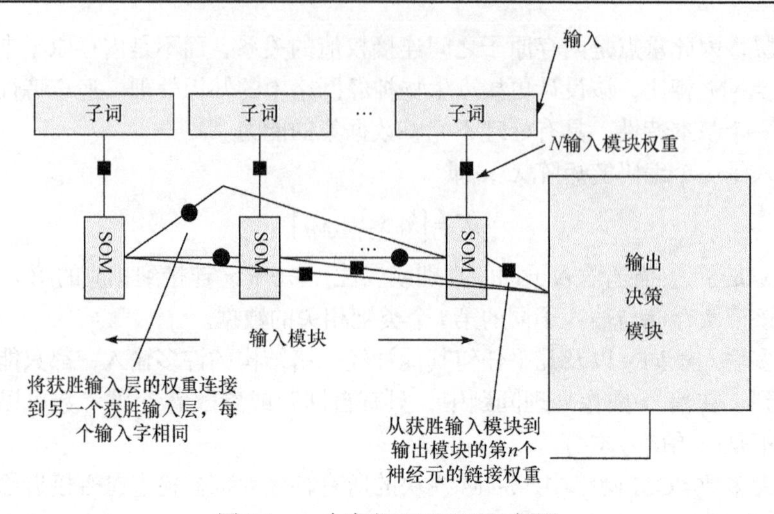

图 6.1 一个广义 LAMSTAR 框图

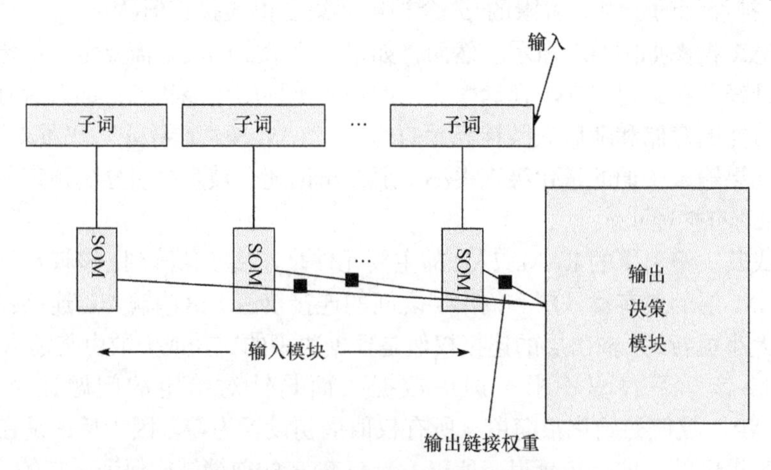

图 6.2 LAMSTAR 体系结构简化版本

6.1.5 输入存储权重的设置和获胜神经元的确定

当训练阶段向系统呈现新的输入子词时，LAMSTAR 网络检查 SOM 模块 i 中与要存储的输入子词 x_i 相对应的所有存储权重向量(w_j)。如果任何储存模式在预先设置的容忍度内匹配输入子词 x_i，那么它就被声明为具体观察到的输入子词的获胜神经元。因此，根据输入(图 6.1 和图 6.2 中的向量 x)和存储权重向量 w(存储信息)之间的相似性，为每个输入确定一个获胜的神经元。对于输入的子词 x_i，获胜的神经元通过最小化距离范数$\|*\|$确定，即

$$d(j,j)=\|x_j-w_j\|\leqslant\|x_j-w_{k\neq j}\|=d(j,k) \tag{6.3}$$

在涉及数字输入子词存储的许多应用程序中，通过对每个输入 SOM 层预先

分配语句或不等式，可以直接将子词转换为预先设置的值来简化这些子词存储到SOM 模块的过程。在这种情况下，每个值对应于该 SOM 给定的输入层。因此，一个值为 0.41 的输入子词将被存储在一个输入神经元中，范围为 0.25～0.50。在给定的 SOM 层，依此类推，而不是使用式(6.3)。

6.1.6　在自组织映射模块中调整分辨率

式(6.3)用于确定获胜神经元，不能有效地处理密集簇/模式的分辨率。这可能会导致决策准确性的下降，因为决策依赖局部和紧密相关的模式/集群。通过对式(6.4)中 x 加入一个可调的最大汉明距离函数 $d_{\max}$ ，可以调整 SOM 模块中神经元的局部灵敏度，即

$$d_{\max} = \max[d(x_i, w_i)] \tag{6.4}$$

因此，如果存储在相应模块的给定神经元中的子词数量超过阈值，则存储被划分为两个相邻的存储神经元(即设置一个新邻近神经元)，$d_{\max}$ 相应减小。快速调整分辨率，连接权值可以调整分辨率。例如，产生相对较高的 N_{ij} 权重的单元可以被分割(如分为 2 个单元)，而权重较低的单元可以被合并到相邻单元。当某些连接权值相对于其他连接权值随时间增加或减少时，这种调整可以自动或周期性地改变，同时还应考虑网络遗忘能力。

6.1.7　自组织映射模块和从自组织映射模块到输出模块之间的链接

LAMSTAR 系统中的信息通过连接权值 $L_{i,j}$ 在不同 SOM 模块的不同神经元之间进行映射(图 6.1 和图 6.2)。LAMSTAR 系统不会为整个输入子词生成神经元。相反，只有选定的子词以 AM 的方式存储在 SOM 模块中(w 权值)，而子词之间的相关性存储通过创建/调整链接($L_{i,j}$)的方式，连接不同 SOM 模块的神经元。这使 LAMSTAR 网络可以用部分不完整的数据集进行训练。当 SOM 模型中的一个神经元不对应输入子词，而是连接到其他模块时，L 连接是插值和外推的基础。我们认为，连接权值的设置(更新)既适用于输入存储(内部)SOM 模块之间的连接权值，也适用于任何存储 SOM 模块和输出模块(层)之间的连接权值。在大多数应用中，只考虑连接到输出(决策)模块是明智和经济的。本书案例也是这样做的。

具体来说，L 设置(更新)过程如下：对于给定的输入，确定在输入模块 j 中的第 i 个获胜神经元和在任何输出或不同输入模块 m 中的第 k 个获胜神经元之后，连接权值 $L(i, j/k, m)$ 可以通过奖励增量 ΔL 计算来确定，而其他所有链接 $L(s, j/k, m)$ 会因为惩罚增量 ΔM 而减少。

L 根据以下内容进行修改，即

$$L_{i,j/k,m}(t+1) = L_{i,j/k,m}(t) + \Delta L \tag{6.5a}$$

$$L_{s,j/k,m}(t) = L_{s,j/k,m}(t+1) - \Delta M, \quad s \neq i \tag{6.5b}$$

$$L(0) = 0 \tag{6.5c}$$

其中，$L_{i,j/k,m}$ 为获胜神经元 i 在第 j 个输入模块和获胜神经元 k 在第 m 个输入/输出模块之间的连接权值；ΔL 和 ΔM 是奖励和惩罚增量(预定的固定值)；有时候需要设置 M 大小(适用于所有 LAMSTAR 决策或仅适用于决策正确时)，即

$$\Delta M = 0 \tag{6.6}$$

L 是无界的，可以通过遗忘来避免不合理的高低取值。

因此，连接权值可作为地址关联来评估神经元之间的传输速率。如图 6.1 所示，连接权值 L 可以通过智能排序整合各个子词，并且在涉及大量子词(模式)的问题中提高速度。它们还可以用于排除完全重叠的模式，使其中的一个或多个模式冗余(需要省略)。在大多数应用中，唯一需要考虑和更新的是 SOM 存储层(模块)和输出层之间的连接权值，如图 6.2 所示。除非相关的决策需要这些权值，否则无须考虑或更新各个 SOM 输入存储层之间的连接权值。

6.1.8　N_j 权重

图 6.1 的 N_j 权重由输入 SOM 模块中给定神经元的传输量更新，即由存储在给定神经元的累积子词数量决定，根据遗忘进行更新调整，即

$$\left\| x_i - w_{i,m} \right\| = \min \left\| x_i - w_{i,k} \right\|, \quad k \in \langle l, l+p \rangle; \;\; l \sim \left\{ N_{i,j} \right\} \tag{6.7}$$

其中，m 为第 i 个 SOM 模块(WTA)中的获胜单元；$(N_{i,j})$ 为用于确定 SOM 模块 i 中最高优先级神经元的邻域权重，并存储搜索；在大多数应用中，k 覆盖模块中所有的神经元，并且忽略 $N_{i,j}$ 和 l (图 6.2)；l 为要扫描的第一个神经元(由比例的权重 $N_{i,j}$ 确定)；~表示比例

图 6.1 中的权重 N_j 仅用于大型检索/浏览问题。从均匀分布中选择一些小的随机非零值初始化，每次选择适当的神经元作为获胜神经元，初始化值将线性增加。

在大多数应用中，根本不使用权重，因为 SOM 模块的选择是根据给定问题所需的功能的数量来预先设置的。未使用的 SOM 模块的限制在 6.4 节讨论。

6.1.9　初始值和局部最小值

与大多数网络相比，LAMSTAR 神经网络对初始值的要求不高，不会收敛到局部最小值。所有连接权值可初始化为零。同样，与大多数神经网络相比，LAMSTAR 不会陷入局部最小值，因为它的连接权值在惩罚/奖励结构下会继续改

变并超越局部最小值。

6.1.10　遗忘和抑制

引入预设遗忘因子 F ($0<F<1$)，使 $k=sK, s=0,1,2,\cdots$ 时，$L(k)$ 被重置，其中 K 是预设的整数常数(如 $K=100$)，即

$$L(k+1)=FL(k) \tag{6.8a}$$

随后，按照原来的 LAMSTAR 计算，包括对 $L(k+1)$ 进行强化(惩罚/奖励)。有时，可以设 $F=0$，以便在达到数据集的特定数量之后完全删除原始数据，或者可以运用逐步遗忘算法，当 $k=sK, s=0,1,2,\cdots$ 时，重新发送 $L(k)$，即

$$L(k+1)=F(i)L(k) \tag{6.9}$$

其中

$$F(i)=(1-\varepsilon)^i L(k) \tag{6.10a}$$

$$i=k-sK \tag{6.10b}$$

式中，s 表示产生 $Ks<k$ 的最高整数，使 i 从零开始重新启动，每 K 次运行增加 k。

随后，按照原来的 LAMSTAR 计算，包括对 $L(k+1)$ 进行强化(惩罚/奖励)。抑制必须预先设置，通过预先给定输入层中的一个或多个神经元作为抑制性神经元，将其输入 LAMSTAR。它的抑制性功能也必须预先设置，因为它不遵循常规的连接权值格式。

LAMSTAR 神经网络的简单应用并不总是需要实现遗忘特征。如果对使用遗忘属性有疑问，建议在整个测试期间对“遗忘”与“不遗忘”进行比较。

6.1.11　对预处理器和协处理器的输入层的设置

LAMSTAR 的一个主要能力是，在需要深度学习的复杂问题中，能够集成和排序任何可能有助于解决给定问题的处理算法。显然，困难问题的解决需要很多的帮助。通过使用连接权值的排序能力，LAMSTAR 还可以通过协处理/预处理算法消除冗余。此外，LAMSTAR 可以通过并行处理来实现，因此速度不会受到影响。

为了将这些处理器集成到 LAMSTAR 中，处理器的输出将被视为输入子词(矩阵/张量)的一个或多个子词。因此，它将被分配给一个或多个输入层。类似地，与给定问题相关的不同数据集也将是它们的子词，因此是单独的输入层。

为了说明 LAMSTAR 的这种能力，建议读者参考第 8 章的案例研究。例如，在预测患者呼吸暂停事件时，数据来自几种非侵入性传感器，包括鼻子压力、血压等。它们都是同时工作的，每个都用作一个或多个输入层。它们之间的相关性

也形成单独的层，特别是存在交叉相关的因素时。类似地，在财务分析中，股票的价格在几天内是关联的，整个市场的数量或趋势，以及与给定股票相关的市场部门也是如此。其中的每一个将用作一个或多个单独的输入层。

同样，在作者实验室预测帕金森病患者的震颤发作时，必须注意帕金森病的症状与大脑中丘脑底核中的神经元放电同步问题。用于检测这种同步的数学工具是样本熵分析。因此，基于 LAMSTAR 预测的子词之一是使用样本熵其他子词包括某些频带中的峰值频率和功率。冗余信息导致的任何过拟合都会受到 LAMSTAR 透明度的影响。

6.1.12　训练与运行

任何时候都没有理由停止训练，因为数据的第一个前 n 组(输入子词)仅用于为输入子词的测试集建立初始权重，这实际上是正常的运行情况。然而，在 LAMSTAR 中，我们仍然可以并且应该继续通过逐个设置(输入子词-输入子词)的方式训练。因此，网络在测试和正常运行期间继续自我调整。当网络不减速，并且不涉及额外的复杂性时，网络的性能显著地受益于持续的训练。实际上，这确实简化了网络设计。由于网络还没有充分学习，而且离收敛还很远，对网络性能进行评分时，不应考虑一些初始运行。尽管有可能出错，如果需要提前做出决定，那么即使是未经训练的输出也可以使用。

6.1.13　面对数据缺失的操作

LAMSTAR 网络及其决策过程在 LAMSTAR-1 和 LAMSTAR-2 版本中的操作在任何给定输入中都完全适用，因为当 k 缺失时，k 的求和仍然有效。在这种情况下，k 的总和只是忽略了一些无关紧要的值。因此，LAMSTAR 在缺少数据或数据集不完整的情况下可以完全运行。当然，在这种情况下，可能不如所有子词都可用时那样好，但是在紧急情况下，仍然可以继续对可用信息进行最佳评估。

6.1.14　大内存存储与检索神经网络的决策过程

LAMSTAR 网络的结构及其设置如前面所述，对 LAMSTAR-1 和 LAMSTAR-2 都是通用的。这两个版本也有相同的决策理念，但是决策算法略有不同。LAMSTAR-1 的决策算法在 6.2.1 节描述。LAMSTAR-2 的决策算法在 6.3.2 节描述。

6.2 大内存存储与检索神经网络 1 型

6.2.1 通过连接权值确定获胜决策

输出 SOM 模块的诊断/决策是通过分析输出 SOM 模块中的诊断/决策神经元与输入 SOM 模块中的获胜神经元之间的相关链路 L 完成的，如式(6.5)和式(6.6)所述，设置(更新)所有连接权值 L 。

来自输出 SOM 模块的获胜神经元(诊断/决策)是在输入神经元中选定(获胜)的，是输入神经元相连的链路中具有最大累积值的神经元。输出 SOM 模块 (i) 的输出决策方程式为

$$\sum_{k(w)}^{M} L_{k(w)}^{i,n} \geqslant \sum_{k(w)}^{M} L_{k(w)}^{i,j}, \quad i,j,k,n, \quad j \neq n \tag{6.11}$$

其中，i 为第 i 个输出模块；n 为第 i 个输出模块中的获胜神经元；$k(w)$ 为第 k 个输入模块；M 为输入模块数；$L_{k(w)}^{i,j}$ 为输入模块 k 中的获胜神经元与第 i 个输出神经元 j 之间的连接权值。

连接权值可正可负，但最好初始化为零。如果两个或两个以上的权重相等，那么必须对某个决策进行预处理，才能给出一个优先权。

根据 WTA 原则，在每个 SOM 输入层中，如果有获胜的神经元，那么只能有一个获胜的神经元。

6.2.2 大内存存储与检索神经网络 1 型核心算法(动态大内存存储与检索)

该算法包括以下用斜体描述的 21 条编号的编程指令(或表达式集)中的操作。其中 2 条指令只有在练习遗忘功能时才会使用，3 条指令是输出指令，另外 3 条指令用于设置和初始化。因此，在每次迭代(动态数据集)中仅执行 13 条指令。

该程序假定直接输入存储，单个输出(决策)层具有两个决策神经元，表示为 A 和 B。该程序是动态的，必须按给出的顺序执行。

1. 数据设置

将输入子词的每个特征(子词)F 的范围(邻域)设置为 $N_k (k = 1, 2, \cdots, F)$ 。在这些范围内输入数据集的排列需要预先设置，将其按值或其他方式划分为邻域或范围，以便将其存储在给定 SOM 层中合理数量的神经元中。在许多应用程序中，这可能需要对数据进行标准化，如百分比形式。

例如，在处理财务数据时，我们必须将价值变化转换为某个过去价值的百分

比变化(例如，从过去一天的市场收盘)。同样，在医学数据中，我们可能对百分比变化或在某些重要值的百分比偏差感兴趣。此时，缩放不必是线性的。如果网络要做出决策，那么超过某个百分比的收益或损失的结果可以集中在一起。

2. 输入

$$BIAS=\cdots;\ THRESHOLD=\cdots;\ M=\cdots;\ R=\cdots;\ P=\cdots \quad (1^*\text{-a,b,c,d,e})$$

$$F=\text{最大层数(输入子词中最多的子词/特征数)} \quad (1^*\text{-f})$$

$$N=\text{一层中神经元的最大数量};\ N_k=k\text{层中神经元的最大数量}$$

$$j=1,2,\cdots,N_k;\ k=1,2,\cdots,F \quad (1^*\text{-g})$$

其中，j表示第j个输入神经元；k表示第k个输入层；R表示奖励；P表示惩罚。

并非所有层都必须具有相同数量的神经元，即 SOM 矩阵V不需要是方形的，可以填充具有零输入的神经元使其成为方阵。

3. 初始化

所有连接权值都初始化为 0，即对于可能的结果A,B，有

$$LA_{i,k}(0)=LB_{i,k}(0);\ TLA(0)=TLB(0)=0;\ w(j,k)=0,\ \ j,k,n=0 \quad (2^*)$$

其中，n表示迭代次数。

4. 在输入矩阵的个体神经元中存储(迭代n次)

设置$n=n+1$。 (3*)

输入：带有$W_{i,k}$的存储矩阵V(如数据设置)。 (4*)

迭代n次。

对于所有输入层k，设置$W_{j=k(w),k}=1,\ W_{j,i}=0$。

对于所有的$j=1,2,\cdots,N(k);\ k=1,2,\cdots,F$，$k(w)$表示第$k$层获胜神经元。

(5*)

设置$W_{j=k(w),k}=W_{k(w)}(n)$。 (6*)

注意，W的每个列只有一个元素(神经元)是 1，其他元素都是 0。

5. 连接权值的计算

让权重从单个输入层神经元到 WTA 决策层(例如，对于单个输出层两个神经元的情况，决策神经元$\{A\}$和$\{B\}$)分别表示为$LA_{i,k}(n)$和$LB_{i,k}(n)$，并且总有

$$LA_{i,k}(n) = LA_{i,k}(n-1) + W_{i,k}(n);\ LB_{i,k}(n) = LB_{i,k}(n-1) + W_{i,k}(n) \tag{7*}$$

这样对于 $w_{i,k}(n) = 0$ 的每个元组 $\{i,k\}$ ，$LA_{i,k}(n)$ 的值仍然不变，即 $LA_{i,k}(n) = LA_{i,k}(n-1)$ 。

对于所有 i,k ，其中 $w_{i,k}(n) = 1$ ，则有

$$TLA(n) = \sum_k^F [LA^*_{i,k}(n)];\ TLB(n) = \sum_k^F [LB^*_{i,k}(n)]$$

否则，$TLA(n) = TLB(n) = 0$ 。　(8*)

这样只考虑那些 $w_{i,k}(n) = 1$ 时的 $LA_{i,k}(n)$ 和 $LB_{i,k}(n)$ 。

6. 决策

按以下方式给出 $\{BIAS\}$ ，即

$$BIAS = \cdots \text{(输入值为 0)} \tag{9*}$$

如果 $TLA(n) > [1 + BIAS][TLB(n)]$ ，则输出决定 A ；否则，输出 B 。

(10*)

只考虑 $LA_{ij}(n)$ 和 $LB_{ij}(n)$ ，其中 $W_{i,j}(n) = 1$ 。

令

$$DTL(n) = TLA(n) - TLB(n) \tag{11*}$$

输出 $DTL(n)$ 。　(12*)

此时，我们等待的结果信息仍然未知。

7. 连接权值的奖励/惩罚(后验更新连接权值)

输入：$OUTCOME(n) = \cdots$　(13*)

输出：$OUTCOME(n)$　(14*)

设置

$$R = \cdots \text{输入奖励的值(如 1)} \tag{15*-a}$$

$$P = \cdots \text{输入惩罚值(如 1 或 0)} \tag{15*-b}$$

令

$$CORRECT = outcome(n) >= outcome(n-1) + THRESHOD \tag{16*-a}$$

$$INCORRECT = outcome(n) < outcome(n-1) + THRESHOD \tag{16*-b}$$

对于所有的元组 $\{ij\}$ ，当 $w_{i,j}(n) = 1$ 时，有

$$LA_{ij}(n) = LA_{ij}(n-1) + R;\ LB_{ij}(n) = LB_{ij}(n-1) - P$$

否则，如果决定$\{A\}$不正确，那么

$$LA_{ij}(n) = LA_{ij}(n-1) - P; \ LB_{ij}(n) = LB_{ij}(n-1) + R \tag{17*}$$

保存所有$LA_{ij}(n)$和$LB_{ij}(n)$。 (18*)

转到下一个输入模块$n+1$。 (19*)

注意：式(16*)中更新的LA和LB用于第$(n+1)$次运行的迭代。

8. 遗忘

在M次迭代后(比如，$M=50$或$M=100$等)，将$\{n\}$重置为零，将$LA(n)$、$LB(n)$、$TLB(n)$和$TLO(n)$初始化为先前的$LA(n)$、$LB(n)$、$TLA(n)$和$TLB(n)$乘以系数。 (20*)

如果使用遗忘功能，则在初始化时设置因子。

然后，复位($n=51$，或$n=101$, 等)，使$n=1$并继续执行式(3^*)～式(8^*)。 (21*)

6.3 大内存存储与检索神经网络2型

6.3.1 动机

在LAMSTAR神经网络的许多应用中，给定层中输入子词的某些输入神经元很少会成为赢者，因为它们的形式(如价值或形状)很少能满足特征子词。然而，这种罕见的情况一旦发生，对问题的决策将非常重要，甚至至关重要。但是，式(6.11)仅涉及比较连接权值，因此对于很少发生输入的神经元$\{i, j\}$，即使它是赢者，连接权值仍然很低。相反，某个经常出现的(获胜)神经元将始终具有相对较高的连接权值。因此，对于决策A，连接权值极少发生获胜的神经元$\{i, j\}$无效。

下节将对其修改，以免出现这种情况。如附加的各种案例所示，它非常有用，但几乎不会对性能或计算速度产生负面影响。

6.3.2 改进的大内存存储与检索神经网络算法

针对6.3.1节描述的情况，LAMSTAR的新版本进行了改进。来自第k个SOM输入层的神经元m，第i个输出(决策)层和输出层j的连接权值$L_{i,j}(m,k)$被标准化替换为$L^*_{i,j}(m,k)$，即

$$L^*_{i,j}(m,k) = L_{i,j}(m,k) / n(m,k) \tag{6.12}$$

其中，$n(m,k)$表示输入层k中神经元m是该层获胜的输入神经元的次数。

因此，获胜决策，如式(6.11)使用 L^* 而不是 L。类似地，L^* 将替换任意两个不同输入层之间的权重连接中的 L (如果适用)，以产生修订的决策，即

$$\sum_{k(w)}^{M} L_{k(w)}^{i,n,*} \geqslant \sum_{k(w)}^{M} L_{k(w)}^{i,j,*}, \quad i,j,k,n,\ j \neq n \tag{6.13}$$

当某些输入神经元作用显著时，即使发生(成为赢者)很少，这种修改也很重要。事实证明，它在一些应用中很重要，在很大程度上优于 LAMSTAR 网络的原始(非标准化)版本。

尽管如此，LAMSTAR-1 的惩罚和奖励仍保持不变，因此 LAMSTAR-2 仍然会保留原始 LAMSTAR 的所有优点。

6.3.3 动态大内存存储与检索神经网络

由于 LAMSTAR-2 在公开文献中没有其他详细资料来源，因此这里描述一个详细的核心程序。在 LAMSTAR-1 中，任何过滤器都是程序员对所讨论的特定问题(应用程序)的选择。在大多数情况下，这些可以从相应的数学程序库中获取，并完全在 LAMSTAR 之外处理。因此，它们可以在并行设备中轻松计算。

LAMSTAR-2 的核心算法与 LAMSTAR-1 的核心算法相似，更改之处仅包括程序的三个部分。

① 在 6.2.2 节 3 中，在初始化时，LAMSTAR-1 不统计获胜神经元的次数。

② 在 6.2.2 节 5 中，神经元获胜次数的连接权值是 LAMSTAR-2 的独有功能。

③ 在 6.2.2 节 7 中，规范化在网络的决策部分实施。

该算法由下面斜体描述的 24 条编号的程序指令(或表达式集)组成。其他作为注释。

该程序直接输入存储，而不是式(6.3)。但是，如果需要可以直接在此程序中使用存储。该程序还假设单个输出(决策)层具有两个决策神经元，表示为 A 和 B。

1. 数据设置

将输入子词的每个特征(子词)设置为 $N_k(k=1,2,\cdots,F)$ 范围(邻域)。同时，参考 6.2.1 节关于数据设置的段落(核心算法中的#1)。

2. 输入

$$BIAS = \cdots;\ THRESHOLD = \cdots;\ M = \cdots;\ R = \cdots;\ P = \cdots \qquad (1^{**}a\sim e)$$

$$F = \text{最大层数(输入子词中最多的子词/特征数)} \qquad (1^{**}f)$$

$$N = \text{一层中神经元的最大数量}; \ N_k = k \text{层中神经元的最大数量} \tag{1**g}$$

$$j = 1,2,\cdots N_k; \ k = 1,2,\cdots,F \tag{1**h}$$

其中，j 表示第 j 个输入神经元；k 表示第 k 个输入层；R 表示奖励；P 表示惩罚。

并非所有层(SOM 模块)必须具有相同数量的神经元，也可以填充具有零输入的神经元。输入数据被分配存储在输入层的神经元中，如 6.1.5 节和 6.1.6 节所述。存储可能是直接的，这是最快的方式，可以遵循式(6.3)。

3. 初始化

连接权值初始化为 0，即对于可能的结果 A 有

$$LA_{j,k}(0) = LB_{j,k}(0) = 0; \ TLA(0) = TLB(0) = 0; \ w(j,k) = 0, \quad j,k,n = 0$$

$$q(j,k) = 0, \quad j,k = 0 \tag{2**}$$

其中，n 表示迭代次数；q 表示给定神经元在给定层是赢者的次数。

4. 输入矩阵的单个神经元的存储(迭代 n)

设置

$$n = n + 1 \tag{3**}$$

如果特征 $\{i\}$ 的子词分配给神经元 $\{j,k\}$ 的子范围 $\{i,k\}$，将上面提供的数据设置 1，对于特征 k，然后执行下列操作。

输入：元素 $V_{i,k}$ 存储在矩阵 $V(n)$，$W_{j=k(w)} = 1$；否则，$W_{j=k(w)} = 0$，$j = 1,2,\cdots,$ $N(k)$; $k = 1, \ 2,\cdots,F$，$k(w)$ 为第 k 层获胜神经元。

(4**)

按照 WTA 法则，设置

$$W_{j=k(w)} = W_{k(w)}(n) \tag{5**}$$

注意，W 的每个列(向量)只有一个元素(神经元)为 1，而该向量的所有其他元素都是 0。

5. 计算给定神经元的获胜次数

对于所有 i,k，当 $W_{i,k} = 1$ 时，有

$$q_{i,j}(n) = q_{j,k}(n) + 1 \tag{6**}$$

6. 连接权值的计算

令权重从单个输入层神经元到 WTA 决策层(例如，对于单个输出层 2 个神经

元的情况，决策神经元为$\{A\}$和$\{B\}$)分别表示为$LA_{i,k}(n)$和$LB_{i,k}(n)$，并且总有

$$LA_{i,k}(n)=LA_{i,k}(n-1)+W_{k(w)}(n);\ LB_{i,k}(n)=LB_{i,k}(n-1)+W_{k(w)}(n) \quad (7^{**})$$

对于$W_{i,k}(n)=0$的每个元组$\{i,k\}$，$LA_{i,k}(n)$的值保持不变，即$LA_{i,k}(n)=LA_{i,k}(n-1)$。

对于所有使$w_{i,k}(n)=1$成立的i,k，有

$$TLA(n)=\sum_k^F[LA^*{}_{i,k}(n)];$$

$$TLB(n)=\sum_k^F[LB^*{}_{i,k}(n)]\text{或}TLA(n)=TLB(n)=0 \quad (8^{**})$$

这样只考虑使$w_{i,k}(n)=1$成立的$LA_{i,k}(n)$和$LB_{i,k}(n)$。

7. 连接权值的正常化

令

$$[LA_{i,k}(n)]/q_{j,k}(n)=LA^*{}_{i,k}(n),\quad q>1 \quad (9^{**})$$

$$[LB_{i,k}(n)]/q_{j,k}(n)=LB^*{}_{i,k}(n),\quad q>1 \quad (10^{**})$$

对于所有使$w_{i,k}(n)=1$的i,k，有

$$TLA^*(n)=\sum_k^F[LA^*{}_{i,k}(n)]$$

$$TLB^*(n)=\sum_k^F[LB^*{}_{i,k}(n)]\text{或}TLA^*(n)=TLB^*(n)=0 \quad (11^{**})$$

它们仅来自使$W_{k(w)}(n)=1$的$LA_{i,k}(n)$和$LB_{i,k}(n)$的那些值。

8. 决策

令$\{BIAS\}$的值为

$$BIAS=\cdots(\text{输入值，认为是 }0) \quad (12^{**})$$

如果$TLA^*(n)>[1+BIAS][TLB^*(n)]$，那么输出结果$A$；否则，输出$B$。

这样只考虑使$w_{i,j}(n)=1$的$LA_{ij}(n)$和$LB_{ij}(n)$的值。(13**)

令

$$DTL(n)=TLA(n)-TLB(n) \quad (14^{**})$$

输出

$$DTL(n) \quad (15^{**})$$

如果决策是正确的，可以继续等待，但是结果仍然未知。

9. 连接权值的奖励/惩罚(连接权值的后验更新)

输入

$$OUTCOME(n) = \cdots \tag{16**}$$

输出

$$OUTCOME(n) \tag{17**}$$

输入 $R = \cdots$(输入奖励值，认为是 1)，并且输入：$P =$(输入惩罚值，认为是 1 或者 0)。

令

$$CORRECT = outcome(n) >= outcome(n-1) + THRESHOLD \tag{18**-a}$$

$$INCORRECT = outcome(n) < outcome(n-1) + THRESHOLD \tag{18**-b}$$

对使 $w_{i,j}(n) = 1$ 的 $\{ij\}$，如果实际结论 $\{A\}$ 被证明是正确的，那么

$$LA_{ij}(n) = LA_{ij}(n-1) + R;\ LB_{ij}(n) = LB_{ij}(n-1) - P \tag{19**}$$

或者如果结论 $\{A\}$ 被确切地证明是错的，那么

$$LA_{ij}(n) = LA_{ij}(n-1) - P;\ LB_{ij}(n) = LB_{ij}(n-1) + R \tag{20**}$$

保存所有 $LA_{ij}(n)$ 和 $LB_{ij}(n)$。 (21**)

转到下一个输入子词 $n+1$。 (22**)

注意，更新的 LA 和 LB 是用于下一个($w + 1$)运行(迭代)的。因此，它们必须保留。

10. 遗忘

对于每 M 次迭代，乘以因子，将 $\{W\}$ 重置为零，并初始化 $LA(n)$、$LB(n)$、$TLB(n)$ 和 $TLO(n)$，成为最后一个 $LA(n)$、$LB(n)$、$TLA(n)$ 和 $TLB(n)$。 (23**)

如果使用遗忘，则在初始化时设置 FACTOR。重置 $n=1$，重复 3～10。(24**)

6.4 使用 LAMSTAR-1 和 LAMSTAR-2 进行数据分析

6.4.1 基于连接权值信息的数据分析能力

由于 LAMSTAR 网络中的所有信息都体现为连接权值，因此 LAMSTAR 可

以用作数据分析工具。在这种情况下，系统提供对输入数据的分析，例如评估输入层及其各自子词的重要性、类别之间相关性的强度，或者各个神经元之间的相关强度。

系统对输入数据的分析涉及系统设置和分析相关连接权值。分析的目的是提供对问题的深入了解。此外，可以通过分析得到的信息提高性能和速度，分析涉及给定层处添加、移除神经元的位置。例如，根据层或神经元的重要性，通过具有最高值的连接集群确定输入数据的趋势，并校准网络的分辨率。

分析阶段可以在正常操作期间进行。这个阶段用于改善网络性能，即训练网络，同时继续正常操作。在该训练阶段，LAMSTAR 找到最高相关链路，并检索与这些链路连接的簇的关联信息。可以通过以下两种方法选择连接，即具有超过阈值的连接和等于最高值的预定数量的连接。

6.4.2　大内存存储与检索神经网络输入的连接权值情况图

LAMSTAR 结构可以显示有关数据状态的重要信息和问题的状态。

每一层的获胜神经元(输出为 1 的神经元，因为所有其他神经元都为 0)给出一个条件映射(矩阵)。所有这些获胜神经元连接权值的映射是一个矩阵 $a(i, i)$。这是一个状态映射，显示每个子词(内存、神经元)对问题的重要性。这说明 LAMSTAR 的透明性及能力。如果需要，可以使用此图作为 CNN 的输入特征图。

6.4.3　大内存存储与检索神经网络中的特征提取与去除

根据推导得出的 LAMSTAR 的某些元素的性质，可以提取或删除如下特征。

定义 1(最重要/最不重要的内存/层)　从矩阵 $A(i, j)$ 可以提取最重要或最不重要的层，其中 i 表示 SOM 存储模块中获胜的神经元 j。根据 WTA 原则，所有获胜神经元均为 1，其余为 0。此外，通过考虑属性②～⑤，可以将 $A(i, j)$ 简化。

① 最重要(最不重要)的子词(赢得记忆神经元)$\{i\}$，即 SOM 模块。对于给定的输出决策$\{\mathrm{dk}\}$，将所有输入子词，记为$[i^*, s^* / \mathrm{dk}]$。

对于任何模型$\{P\}$中的获胜神经元$\{i\}$，即

$$[i^*, s^* / \mathrm{dk}]: L(i, s / \mathrm{dk}) \geqslant L(j, p / \mathrm{dk}) \tag{6.14}$$

其中，p 不等于 s；$L(j, p / \mathrm{dk})$ 表示 j(获胜)层和 p 层之间的连接权值；dk 表示获胜输出层神经元。

注意，对于确定最不重要的神经元，上面的不等式是相反的。

② 每个给定的获胜神经元，输出决策$\{\mathrm{dk}\}$对所有输入子词的 SOM 模块$\{s^{**}\}$的最多(最少)显著性。

对于任一模型 p，即

$$s^{**}(\mathrm{dk}):\sum_{i}\{L(i,s/\mathrm{dk})\}\geqslant\sum_{j}\{L(j,p/\mathrm{dk})\} \tag{6.15}$$

注意，对于确定最不重要的模块，上面的不等式是相反的。

③ 对于每个给定问题类别的所有输入子词，每个特定 SOM 模块中最重要(最少)的神经元 $\{i^{**}(\mathrm{dk})\}$ 由 $i^{*}(s,\mathrm{dk})$ 给出。

对于相同模块(s)中的任何神经元(j)，即

$$L(i,s/\mathrm{dk})\geqslant L(j,p/\mathrm{dk}) \tag{6.16}$$

注意，对于确定模块中最不重要的神经元，上面的不等式是相反的。

④ 如果一个特定的神经元(i)在 SOM 输入层(s)的赢者是任何输入子词被 LAMSTAR 决策为 dk，神经元(j)层(t)是一个赢者的特定子词相同的输入。当这种独特的配对适用于 s、t 层的所有(每个)神经元时，这两层中的一个(s、t)是多余的。

定义 2　如果$\{q(p)\}$神经元数量小于 p 神经元数量，则$\{b\}$层称为$\{a\}$的下一层。

通过相关层可以确定冗余的属性(h)。

⑤ 如果(k)层只有一个神经元始终是赢者，无论输出决策如何，那么该层都不包含冗余信息。

上面的定义和属性可以通过考虑减少最重要模块或内存的数量，通过消除最不重要的模块减少特性或内存的数量。

这个简单的分析提供的信息有助于构建或重新构建一个更高效、更快速的网络。如果需要，可以删除最不重要或冗余的层或神经元。

6.4.4 相关和插值

1. 相关特征

对于相同的输出决策，考虑关于输出决策(dk)最重要的层或模块(m)，以及这些层中的每个最重要的神经元(n)，如 $m=n=4$。该子词是通过预处理形成的，通过分配相关的特定输入子词，可以在网络中容纳子词之间的相关性。

建立表示为相关层 $\lambda(P/q,\mathrm{dk})$ 的附加 SOM 层，使这些附加相关层的数量为

$$\sum_{i=1}^{m-1} i(\text{输出决策 dk}) \tag{6.17}$$

例如，在 $n=w=4$ 的情况下，相关层是 $\lambda(1/2,\ \mathrm{dk})$、$\lambda(1/3,\ \mathrm{dk})$、$\lambda(2/4,\ \mathrm{dk})$、$\lambda(2/3,\ \mathrm{dk})$、$\lambda(2/4,\ \mathrm{dk})$、$\lambda(3/4,\ \mathrm{dk})$。

随后，对于相同的给定输入子词，神经元 $N(i,\ p)$和 $N(j,\ q)$的获胜者分别在 p

层和 q 层。这两个神经元也属于最重要的神经元子集，且在最重要的层中。然后，在相关层 $N(i, p/j, q)$声明神经元 $\lambda(p/q, \mathrm{dk})$为该相关层中的获胜神经元。根据需要，对其他输入 SOM 层中的任何获胜神经元，奖励/惩罚其输出连接权值 $L(i, p/j, q-\mathrm{dk})$。

例如，相关层 $\lambda(p/q)$的神经元是 $N(1, p/1, q)$、$N(1, p/2, q)$、$N(1, p/3, q)$、$N(1, p/4, q)$、$N(2, p/1, q)$、…、$N(2, p/4, q)$、$N(3, p/1, q)$、…、$N(4, p/1, q)$、…、$N(4, p/4, q)$，相关层有 $m\times m$ 个神经元。

相关层中任何获胜的神经元只要涉及和更新其对任何输出层神经元的权重，都会被处理并加权为另一个层中的获胜神经元。输入层(p)中的神经元 $N(i, p)$和神经元 $N(j, q)$中的神经元层(q)是给定输入子词的获胜者。显然，在相关层中，p/q 是获胜神经元 $N(i, p/j, q)$。

必须注意的是，任何延迟(间隔)的自相关和互相关都可以作为每个处理器输入。

2. 通过相关层的插值/外推

令 p 是最重要的层，i 是关于输出决策 dk 的最重要的神经元，与层 p 相关的给定输入子词中不存在输入子词。因此，神经元 $N(i, p)$被认为是层 p 的插值/外推神经元，如果它满足下式，即

$$\sum_{q}\{L(i,p/w,q-\mathrm{dk})\} \geqslant \sum_{q}\{L(v,p/w,q-\mathrm{dk})\} \tag{6.18}$$

其中，v 不等于 i；$L(i,p/j,q\to \mathrm{dk})$ 表示来自相关层 $\lambda(p/q)$的连接权值。

在每个层 q 中，对于给定的输入子词，只有一个获胜神经元，表示为 $N(w, q)$，无论哪个 w 都可以在第 q 层。

例如，令 $p=3$，考虑相关层 $\lambda(1/3, \mathrm{dk})$、$\lambda(2/3, \mathrm{dk})$、$\lambda(3/4, \mathrm{dk})$，使 $q=1,2,4$。

显然，没有惩罚/奖励用于不是由输入子词本身产生的另一个内插/外推的神经元。

3. 通过相关层进行冗余检测

设 p 是一个最重要的层，i 是该层最重要的神经元。如果对所有输入子词存在另一个最有意义的层 q，对于任何输出决策和神经元 $N(i/p)$，只有一个相关神经元 $i, p/j$ 和 q 对输出决策 dk 具有非零输出连接权值，使每个神经元 $N(j, p)$仅与一个神经元 $N(j, p)$关联，并在某个层 p。

例如，神经元总是与神经元 $N(3, q)$相关，从不与 $N(1, q)$、$N(2, q)$、$N(4, q)$相关，而神经元 $N(2, p)$总是与 $N(4, q)$相关，与 q 层中的其他神经元无关。

6.4.5 大内存存储与检索神经网络的更新检测

如果给定输入 SOM 层到输出层的连接权值，相对于其他输入 SOM 层的连接权重，在特定时间间隔超过阈值且重复地发生变化，则认为检测到该输入层(类别)更新。

如果从一个输入 SOM 层到另一个输入 SOM 层的神经元之间的权重也发生类似地改变，那么也认为检测到更新。

6.5 大内存存储与检索神经网络的数据平衡预设程序

6.5.1 数据不平衡的解决方法

LAMSTAR 神经网络的预处理算法适用于类别之间存在不平衡的情况，例如某些类具有更多的数据。这种数据的不平衡也发生在动态情况下，其中可能的时间间隔(输入子词)数据中存在未检测的状态；在一个或几个连续的时间间隔(数据集)仅检测到某种事件的状态。因此，它适用于诸如检测或预测特定事件的情况，如帕金森病震颤开始、癫痫发作、网络入侵。当预测必须尽可能接近特定事件(如快速警告)时，这一点尤其重要。

这个预处理器既可用于 LAMSTAR-1，也可用于 LAMSTAR-2。LAMSTAR-1 和 LAMSTAR-2 的不同之处在于，使用下面给出的初始训练算法修改 LAMSTAR 的奖励/惩罚部分，其他部分保持不变。

对于上述 LAMSTAR-2 算法，在忽略这种不平衡的情况时，由伊利诺伊大学 Khobragade 得到的关于预测帕金森病患者震颤发作的结果，与现有的预训练程序结果相比，表现超过 50%。

6.5.2 预处理训练核心算法

核心算法概述如下。

1. 网络设置

使用 LAMSTAR-1 的设置，在其输出层有 2 个输出神经元，表示为 d(检测到)和 nd(未检测到)。这样每个输入神经元(i)在输入层(j)具有两个连接权值(LW)，分别表示为 $L(i, j / \mathrm{d})$和 $L(i, j / \mathrm{nd})$。

如常规 LAMSTAR 那样，如果未观察到讨论的事件，则从给定步骤(子词)n 获胜的输入神经元到输出 nd 的所有 LW 由 $R(\mathrm{nd})$奖励，输出 d 的所有输入神经元的 LW 都被 $P(\mathrm{nd})$惩罚。类似地，如果完全观察到事件，则输出神经元 d 的所有 LW 由 $R(\mathrm{d})$奖励，并且输出神经元 nd 的 LW 由 $P(\mathrm{d})$惩罚。

注意，上述 R(d)和 R(nd)在 LAMSTAR 的预处理器 P 中不相似。连续的子词涉及 DT 和 UDT 两个状态，它们先验未知，并且将由神经网络学习。

输入子词按其进入获胜输入神经元的顺序(时间)编号决定[PER EACH INPUT NEURON]，此时间表示为 n。如果它们分别属于已经或尚未观察到的事件的状态(情况)，也可以按照顺序排序为 n(DT)和 n(UDT)，即

$$n(\mathrm{DT}) = 1,2,3,\cdots$$

$$n(\mathrm{UDT}) = 1,2,3,\cdots$$

2. *初始神经网络训练*

与常规 LAMSTAR 相比，初始训练是必要的。在初始阶段，所有连接权值都设为 $LW(0)=0$，设置计数(时间)步骤，即 $K=1,2,3,\cdots$，计数并使 $N(i,j)=1,2,3,\cdots$。

假设每个数据集都以状态 UDT 开始，并且在相对大量的运行下保持该状态，则有 $n(i, j, \mathrm{UDT}) = 1,2,3,\cdots$。

与 LAMSTAR-1 和 LAMSTAR-2 一样，奖励和处罚也在 D 执行，即

$$LW\{(i,j/d),N\} = LW\{(i,j/d),N-1) + P(\mathrm{UDT})$$

其中，LW $\{(i, j / d), N\}$为从层 j 中的神经元 i(无论哪个恰好是)到数据集(时间帧)N–1 输出神经元 d 的连接权值；/d 为连接权值链接到输出神经元 d，不能与状态 DT 或 UDT 混淆。

$$LW\left\{\left(i,j/\mathrm{nd}\right),N\right\} = LW\ \left\{\left(i,j/\mathrm{nd}\right),N-1\right) + R(\mathrm{UDT})$$

其中，神经元(i, j)表示层 j 中的获胜输入神经元，由 LAMSTAR 的 WTA 性质表示；R(UDT)和 P(UDT)可以分别设置为常数，如(+1)和(–1)。

如果第一次观察到有关事件，令 $k=K$，并在那个确切点定义

$$N(i,j,\mathrm{UDT}) = n(i,j,\mathrm{UDT})$$

$$N(i,j,\mathrm{UDT}) = n(i,j,\mathrm{DT})$$

此外，定义比率

$$p'(i,j,\mathrm{UDT}) = [N(i,j,\mathrm{UDT})]/K$$

一旦观察到要检测的事件，则该程序被认为处于状态 D，同时允许收集并处理更多的数据，以便更好地学习。一般 Q 是 1～3，但如果需要，可以更高。

计算数据集，此时神经元 i 是层 j 的赢者，即

$$m(i,j,\mathrm{DT}) = 1,2,\cdots$$

定义

$$M(i,j,\mathrm{DT}) = m(i,j,\mathrm{DT})，\text{在数据集(时间帧)}q$$

$$p'(i,j,\text{DT}) = [M(i,j,\text{DT})]/Q$$

假设给定数据集中数据的(局部)遍历方式，p' 用于估计特定神经元(i,j)在给定状态下成为赢者的概率。

为了改进 p' 的估计，必须使用多个数据集将 Q 和 K 从一个数据集更新到另一个数据集。此外，并非所有的神经元都具有在一个数据集中组合 p' 的信息。因此，还需要几个数据集覆盖所有关于 p' 的神经元。

在这个训练算法中，使用数据集 V，即

$$v = 1,2,\cdots,V$$

$$p(i,j,\text{UDT}) = \sum[N(i,j,\text{UDT})]_v / \sum K_v$$

$$p(i,j,\text{DT}) = \sum[M(i,j,\text{DT})] / \sum Q_v$$

注意，对于所有数据集，Q 和 V 不必相等，它们可以表示为给定数据集(v)的函数。定义比率 B 为

$$B(i,j) = [p(i,j,\text{DT})]/[p(i,j,\text{UDT})]$$

其中，B 是数据集处于没有给定事件(“状态 1”)，转为给定事件状态(“状态 2”)时神经元相对权重的比例。

因此，当运行 LAMSTAR-1 或 LAMSTAR-2 时，观察状态(就像预测事件，而不是检测事件的情况那样)，奖励为

$$R(i,j,\text{DT}) = B(i,j) \times R(\text{UDT})$$

惩罚为

$$P(i,j,\text{DT}) = B(i,j) \times P(\text{UDT})$$

注意，奖励和惩罚从一个神经元到另一个神经元是不同的。但是，对于 DT 奖励和惩罚的变化，LAMSTAR-1 和 LAMSTAR-2 保持不变。上述训练只是得出 B。此外，LAMSTAR 已经拥有从惩罚/奖励系统进入 DT 的信息。

6.6 评论及应用

6.6.1 评论

LAMSTAR 基于 AM 的存储权值设置(w_{ij})和 WTA 特性，采用 Kohonen 的 SOM 模块，因此具备许多其他神经网络的基本特征。

它的每个神经元不但有存储权值 w_{ij}，而且有连接权值 L_{ij}。这一特性直接遵循 Hebbian 定律和巴甫洛夫的条件反射实验的关系，同时遵循 Verbindungen 的概念及其在“理解”神经网络/机器智能环境中的作用。因此，LAMSTAR 不但可以

处理两种神经元权值(存储和与其他层连接)，而且连接权值可以用于决策。存储权值形成康德定义的“记忆原子”，连接权值被认为是康德定义的“理解”概念。

LAMSTAR 的决策完全基于连接权值。连接权值用于对任意数量预处理器(过滤器)的值进行排序和集成，因此需要强大的处理能力负责这个网络的计算，并且通过简单的奖惩加速计算。CNS 本身使用的是一流的组织系统，而不是微积分。它以巧妙的二进制方式使计算更简单。

对于神经网络，尤其是基于 BP 的网络，一个常见的缺点是它们缺乏透明性。BP 中的权重不能直接提供关于其值的含义。在 LAMSTAR 中，连接权值直接表示给定特征的重要性，以及与特征决策相关的特征子词的重要性。与大多数神经网络不同，LAMSTAR 试图为它必须解决的问题提供一个透明的表示。这种表示对于网络决策可以用输入与输出之间权值的非线性映射 L 表示，以矩阵形式排列。因此，L 是一个非线性映射函数，描述输入和输出之间的权重，将输入映射到输出的决策。考虑 BP 网络，各层的权重为 L 的列。在 LAMSTAR 网络中，对于 L 的连接权值 L_{ij} 来说，同样的情况也适用于一个获胜的输出决策。显然，在 BP 和 LAMSTAR 中，矩阵 L 不是一个方形的类矩阵函数，它的所有列长度都不相同。然而，在 BP 中，矩阵 L 每个输出决策的列中都有许多条目(权重)。相比之下，在 LAMSTAR 中，L 的每一列在给定时刻只有一个非零项。这也说明了它的透明度。

LAMSTAR-1 的每个迭代只需要计算式(6.5)～式(6.11)。这些操作只涉及加减法和阈值运算，不涉及乘法运算，可以提高计算速度。最重要的是，对单独的子词而言，可以充分利用 LAMSTAR 独特的结构，特别是在深度学习问题中，LAMSTAR 可以用于协处理器(预处理器或相关数据集)感兴趣的问题和智能集成。

6.6.2　应用

实践证明，LAMSTAR 的应用范围很广，包括医学诊断、财务、故障诊断、数据挖掘与信息检索、视频处理、预测、语音处理、自适应滤波、计算机安全(入侵检测)、非线性控制等。

第 8 章(包括附录)详细介绍 LAMSTAR 的几个应用，并与径向基函数和 SVM 进行比较。

案例应用涵盖多个领域，如医学(预测癫痫发作、癌症检测)、金融、预测相关体育赛事、石油钻探选址、3D 和 2D 图像估计、安全(信用卡诈骗)检测、人类活动分类等。

参 考 文 献

Basu I, Graupe D, Tuninetti D, Shukla P, Slavin K V, Metman L V, Corcos D, “Pathological tremor prediction using surface electromyogram and acceleration: Potential use in ‘ON-OFF, demand driven deep brain stimulator design".

Dong F,Shatz S M, Xu H,Majumdar D, "Price comparison: A reliable approach to identifying shill bidding in online auctions", Electronic Commerce Research and Applications 11(2):171-179 (2012).

Ewing A C, A Sort Commentary on Kant's Critique of Pure Reason (Univ. o f Chicago Press, 1938).

Girado J I, Sandin D J, DeFanti T A, W olf L K, "Real-time camera-based face detection using modified LAMSTAR neural network system", Proc. IS&T/SPIE 15th Annual Symp. on Electronic Imaging (2003).

Graupe D, Principles of Artificial Neural Networks (World Scientific Publishers,3rd edition 2013).

Graupe D, Abon J, "Neural network for blind adaptive filtering of unknown noise from Speech", Proc. ANNIE Conf.,Paper WP2.1A (2002).

Graupe D, Kordylewski H, "Network based on SOM modules combined with statistical decision tools", Proc. IEEE 29th Midwest Symp. on Circuits and Systems, Ames. IO (1996).

Graupe D, Kordylewski H, "A large memory storage and retrieval neural network for browsing and medical diagnosis applications", Intelligent Engineering Systems through Artificial Neural Networks, eds. Dagli C H et al., Vol. 6 (ASME Press, 1996), pp. 711- 716.

Graupe D, Lynn J W, "Some aspects regarding mechanistic modelling of recognition and memory", Cybernetica 3:119 (1969).

Graupe D, Smollack M, "Control of unstable nonlinear and nonstationary systems using LAMSTAR neural networks", Proc. IASTED 10th Conf. on Intelligent Systems and Control (2007), pp. 50-53.

Graupe D, Zhong Y, Graupe M H, Jackson R, "Blind adaptive filtering for non-invasive diagnosis of the fetal ECG and its non-stationarities", ASME Transactions Part H: Jour. Eng. in Medicine 222(8):122l-1234 (2008).

Hebb D, The Organization of Behavior (John Wiley, 1949).

Isola R, Carvalho R, Tripathy A K, "Knowledge discovery in medical systems using differential diagnosis, LA M STA R, and k-NN", IEEE Trans. on Info Theory and Biomed 16(6):1287-1295, 2012.

Kant E, Critique o f Pure Reason (Koenigsbarg, Germany, 1781).

Khobragade, N, P_Lamstar_Results_033/016, (unpublished), Apr. 4,2016.

Kohonen T, Associated Memory: A system Theoretical Approach (Springer Verlag, 1977).

Kohonen T, Self-O ptim izing and Associative Memory (Springer Verlag, 1984,1988).

Levitan L B, Kaszmarek L K, The Neuron (2nd edition), (Oxford University Press, 1997).

Malhotra M, Nair T R G, "Evolution of knowledge representation and retrieval techniques", Int J. Intelligent Systems and Applications, 07,18-28, 2015.

McCulloch W S,Pitts W,"A logical calculus o f the ideas imminent in nervous activity", Bull. Math. Biophysics5:115-133 (1943).

Minsky M, Papert S, Perceptrons (MIT Press, 1969).

Muralidharan A, R ousche P J, "Decoding of auditory cortex signals with a LAMSTAR neural network, Neurological Research 27(1):4-10 (2005).

Nigam P V, Graupe D, “A neural-network-based detection of epilepsy”, Neurological Research 26(1):55-60 (2004).

Pavlov I P, Conditional Reflexes, (in Russian), 1927. English translation: Oxford University Press, 1927.

Rosenblatt F, “The perceptron, a probabilistic model for information storage and organization in the brain”, Psychol. Rev. 65:386-408 (1958).

Schneider N A, Graupe D, “A modified LAMSTAR neural network and its applications”, International Jour. Neural Systems 18(4):331-337 (2008).

Sivaramakrishnan A, Graupe D, “Brain tum or demarcation by applying a LAM STAM neural network to spectroscopy data”, Neurol. Research 26(6):613-621 (2004).

Venkatachalam V, Selvan S, “Intrusion detection using an improved competitive learning Lamstar neural network”, IJCSNS, International Journal of Computer Science and Network Security 7(2):255-263 (2007).

Waxman J A, Graupe D, Carley D W, “Prediction of Apnea and Hypopnea using LAMSTAR a rtificial neural network”, Amer. Jour. Respiratory and Critical Care Medicine 181(7):727-733 (2010).

Waxman J A, Graupe D, Carley D W, “Real-time prediction o f disordered breathing events in people with obstructive sleep apnea”, Sleep and Breathing 19(1):205-212 (2015).

Yoon J M, He D, Qiu B, “Full ceramic bearing fault diagnosis using LAMSTAR neural network”, IEEE Conf. on Prognostics and Health Management (PHM):1-9 (2013).

第 7 章　用于深度学习的其他神经网络

7.1　深度玻耳兹曼机

DBM 作为随机神经网络，是在 Ackley 和 Hinton 于 1985 年对玻尔兹曼机(Boltzmann machines，BM)的推导和后来的受限玻尔兹曼机(restricted Boltzmann machines，RBM)的基础上演化而来的。与 CNN 或 LAMSTAR 不同，DBM 在本质上是无监督的。

BM 是由 2 层随机神经元组成的随机神经网络，一层由可见神经元 v_j 组成，另一层由隐含神经元 h_i 组成，其中 v_j 、 $h_i \in \{0,1\}$ 。对称权值矩阵 W、L 和 J 分别是连接可见层-隐含层、可见层-可见层和隐含层-隐含层神经元的权重矩阵。需要注意的是，所有 BM 神经元在层内和层间都是相互连接的，即

$$W_{ii} = L_{jj} = J_{ii} = 0, \quad \text{对于所有的} I \tag{7.1}$$

此外，在 BM 神经网络中，隐含层和可见层神经元是二进制的，即

$$v_j, h_i \in \{0,1\} \tag{7.2}$$

神经网络学习过程的设计依据是，根据吉布斯-玻尔兹曼(Gibbs-Boltzmann)分布，网络收敛于适合其输入模式的一个热力学平衡点。

考虑数据和模型之间的误差，可以通过网络误差或能量对数似然的梯度最大化进行学习。RBM 神经网络是在相同层(可见层-可见层和隐含层-隐含层)的神经元之间没有连接的 BM，如图 7.1 所示。

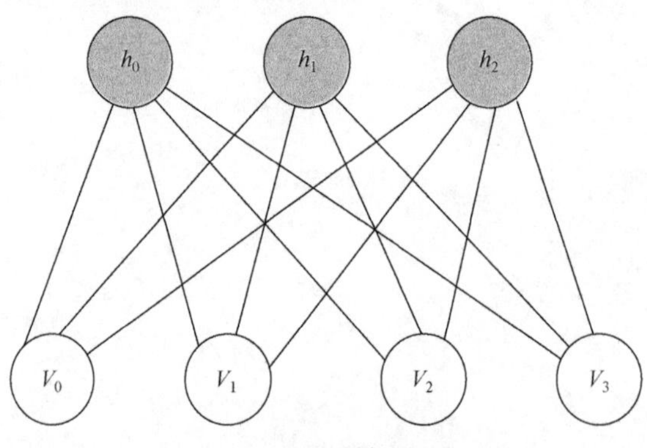

图 7.1　RBM 神经网络

DBM 是由 Salakhutdinov 和 Hinton 提出的用于提高 RBM 效率的 BM。由于 BM 中所有的神经元全部互连，学习这些连接权值比较困难，尤其是在尝试设计一个基于 BM 方法的深度多层次网络时，为了解决这些困难提出 DBM 网络。当通过预训练简化多层合成的网络时，DBM 的设计可以看作是多个 RBM 网络的堆叠。由 2 个 RBM 网络组成的双层 DBM 如图 7.2 所示。

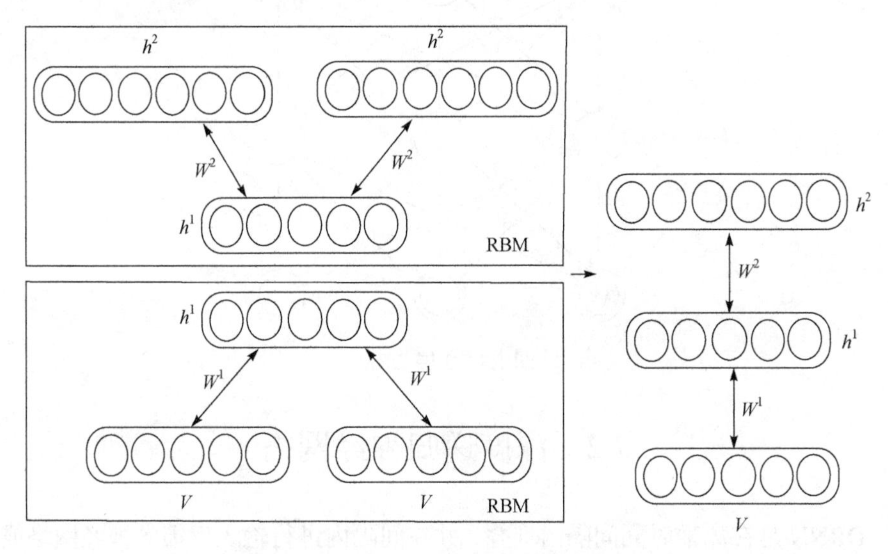

图 7.2　由 2 个 RBM 网络组成的双层 DBM

预训练方法用于构建由多个 RBM 网络叠加构成的 DBM 网络，由 Hinton 于 2006 年引入，并命名为逐层贪婪预训练法。预训练方法用于初始化 DBM 结果的参数，再次训练时，为了防止重复计算，需要对 RBM 进行微调整，其中在加入 *v-h* 权重时，低层 RBM 的输入翻倍。此外，RBM 隐含层神经元的数量也翻倍，在合成两个修正的 RBM 时，进入第一个隐含层的总输入减半，可以得到修正的条件分布。由此产生的 DBM(图 7.3)可以实现合理的初始化权重，并使单一路径的性能加快。

由于 DBM 的计算时间较长，限制了它在复杂问题中的应用。在 8.4 节关于二维图像深度信息检索的案例中，我们进行了与基于 DBM 的随机马尔可夫场(random Markov field，RMF)方法的比较研究。

MATLAB 中用于训练 DBM 的开源代码网址为，http://github. com/kyunghyuncho/deepmat/blob/master/dbm.m。

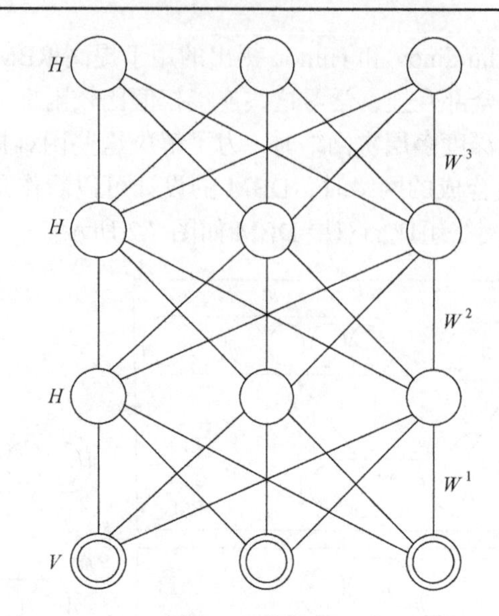

图 7.3　3 层 DBM

7.2　深度递归神经网络

DRNN 是在离散时间间隔内堆叠，并在间隔内进行输入反馈的神经网络或深度神经网络(BP 网络)，如图 7.4 所示。DRNN 在很多应用中的研究进展缓

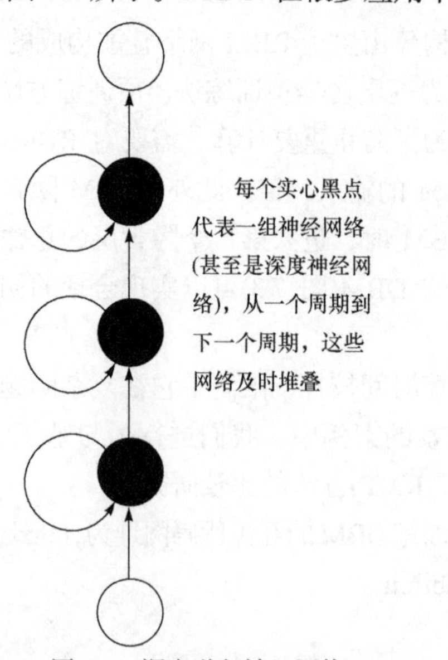

图 7.4　深度递归神经网络

慢。然而，最近有报道称，DRNN 成功地应用于语言建模，并获得良好的性能，同样也成功应用于语义理解。

7.3　反卷积/小波神经网络

1988 年，Graupe 等提出一种 DCNN 设计方法，用于对表面肌电信号求反卷积，检测满足卷积积分模型的单运动神经元动作电位。该设计也被扩展到其他神经网络架构。与 CNN 相反，这些网络采用反卷积分解神经元动作电位的卷积参数(幅度、持续时间和时间延迟)，定位嵌在表面肌电信号中的基于卷积的事件。这些设计最初并不是用作深度学习网络，而是提取以下形式函数的位置(时间)和参数(K_i、延迟 t_i 和 σ_i)，即

$$x(t)=\sum_{i=1}^{3}K_i\exp\left[-\left(\frac{t-t_i}{\sigma_i}\right)^2\right] \tag{7.3}$$

然而，这个函数也可用于描述小波基，这些网络也被称为 WNN，只有在满足上述函数(形状)的限制下，神经网络才被证明是合理的。

如式(7.3)所示，上面的分解问题，即神经元动作电位的性质是一个反卷积问题，为了解决这个问题，将(动作电位)信号 $h(t)$ 与 K_i，t_i 与 σ_i 的多个不同值构成测量的信号，也就是输入数据，可以将式(7.3)概括为

$$h(t)=\sum_{i=1}^{N}K_iG(\omega_i t+\theta_i) \tag{7.4}$$

其中，$h(t)$ 为 $x(t)$ 信号(动作电位)的有限序列。

为了解决这个问题，设计一个神经网络以便迭代并估计 $h(t)$ 的参数 K_i、t_i 和 σ_i，使其在有限的序列数 N 下，$h(t)$ 尽可能接近输入 $f(t)$，这样测量的(输入的)表面信号为

$$z_i(k)=G[\omega_i(k)t(k)+\theta_i(k)] \tag{7.5}$$

且

$$G(t)=\exp(-t^2),\quad t\in\mathbf{R} \tag{7.6}$$

因此，上述 $z_i(k)$ 为第 k 步迭代中，神经网络(即一个 BP 网络)第 i 个节点的输出，可分离性的假设和证明。

假设测量误差为

$$J(k)=\frac{1}{2}\|h_k(t(k))-f(t(k))\|^2 \tag{7.7}$$

对式(7.7)求导，可得下式，即

$$\frac{\partial J(k)}{\partial K_i(k)} = e(k)z_i(k)$$

$$\frac{\partial J(k)}{\partial \omega_i(k)} = -2e(k)\delta_i(k)t(k)$$

$$\frac{\partial J(k)}{\partial \theta_i(k)} = -2e(k)\delta_i(k), \quad i = 1,2,\cdots,N \tag{7.8}$$

其中

$$\delta_i(k) = K_i(k)z_i(k)[\omega_i(k)t(k) + \theta_i(k)] \tag{7.9}$$

$$e(k) = h_k(t(k)) - f(t(k)) \tag{7.10}$$

因此

$$K_i(k+1) = K_i(k) + \alpha e(k)z_i(k)$$

$$\omega_i(k+1) = \omega_i(k) - 2\alpha e(k)\delta_i(k)t(k)$$

$$\theta_i(k+1) = \theta_i(k) - 2\alpha e(k)\delta_i(k) \tag{7.11}$$

其中，$\alpha \in [0,1]$表示步长。

显然，这种设计可以用于其他卷积型信号或小波基信号，而不局限于 BP 神经网络。事实上，Graupe 等考虑过用一个 Hopfield 神经网络来解决这个问题。此外，该设计还可以扩展到二维和三维功能。

如图 7.5 所示为 DCNN/WNN 设计。如图 7.6 所示为神经元模型中的神经元激活函数 G。

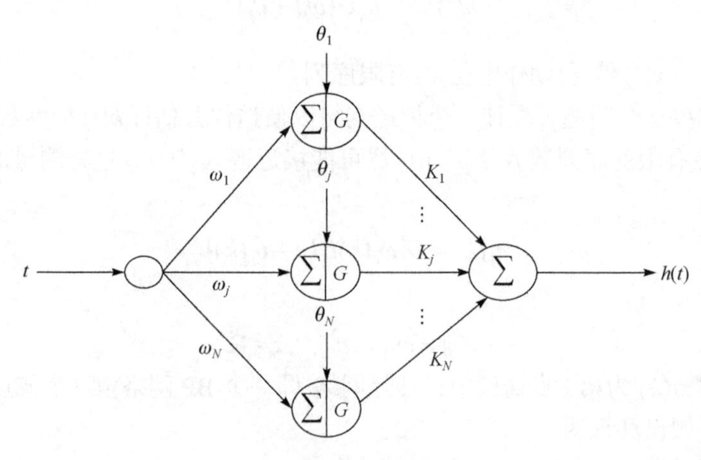

图 7.5　DCNN/WNN 设计

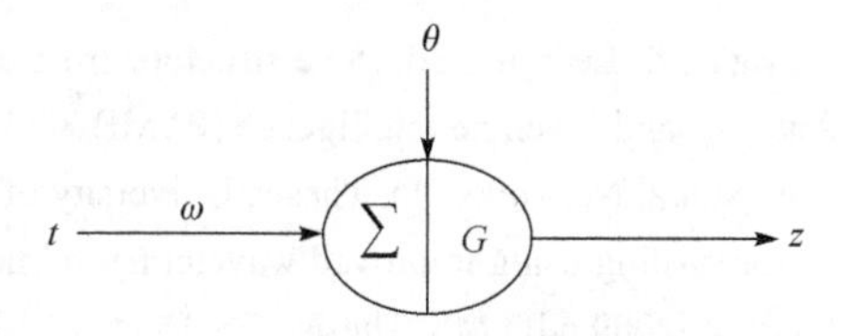

图 7.6　神经元模型中的神经激活函数 G

除在神经病学的应用，经过适当修正后的 DCNN/WNN 也可应用于其他问题，如虹膜识别、机器人控制、金融等，只要通过学习能够找到可以转换成小波，或者可用卷积积分或卷积和描述的函数“形状”，都可以用作深度学习。

参 考 文 献

Ackley D H,Hinton J,Seinowski T J, “A learning algorithm for Boltzmann Machine configuration”, Cognit Sci. 7:147-169 (1985).

Almallah A S,Zayer W H,Alkaam N O, “Iris identification using two activation function wavelet networks”, Oriental Jour. Comp. Sci. and Technol. 7(2):265-271 (2014).

Deng L,Yu D, “Deep learning: Methods and applications”(PDF), Foundations and Trends in Signal Processing 7:3-4 (2014).

Graupe D, Moschytz G S, Liu R W, “Applications of neural networks to medical signal processing”, Proc. IEEE 27th Conf. on Decision and Control, Austin TX (1988), pp. 343- 347.

Graupe D, Liu R W, “A neural network approach to decomposing surface EMG signals”, Proc. IEEE 32nd Midwest Symp. on Circuits and Systems, Champaign IL, Vol. 2 (1989), pp. 740-743.

Graupe D, Vern B, Gruener G, Field A S, Huang Q, “Decomposition of surface EMG signals into single fiber action potentials by means of neural networks”, Proc. IEEE International Conf. on Circuits and Sys., Portland OR, Vol. 2 (1989), pp 1008-1011.

Haykin S, Neural Networks (Prentice Hall, 1999).

Hermans M,Schrauwen B,“Training and analyzing deep recurrent neural networks”,Advances in Neural Information Processing Systems, (NIPS ‘13), Vol. 26 (2013).

Hinton G E, “Training products of experts by minimizing contrastive divergence”, Neural Computation 14(8):1711-1800 (2002).

Huang Q, Graupe D, Liu R W, Huang Y F, “Identification of firing patterns of beuronal signals”, Proc. IEEE Conf. on Decision and Control, Vol. 1 (1989), pp. 266-271.

Mesnil G, He X, Deng L, Bengio Y. “Investigation of recurrent neural network architectures and learning methods for spoken language understanding”, Proc. Interspeech(2013).

MikolovT et al., “Recurrent neural network based language model”, Interspeech(2010).

Moraud E M, “ Wavelet Networks”, http://homepages.inf.ed.ac.uk/rbf/CVonline/LOCAL_COPIES/AV0809/martinmoraud.pdf, 2009.

Rao R M, Pobardikar A S, Wavelet Transforms (Addison-wiley, 1998).

Salakhutdinov R,Hinton G,“Deep Boltzmann Machines”, http://machineleaming.wustl.edu/mlpapers/paper_files /AIS TATS09_SalakhutdinovH.pdf,AISTAS, 2009.

Saxena A, Sun M, Ng A Y, “Make3d: Learning 3d scene structure from a single still image”, IEEE Transactions of Pattern Analysis and Machine Intelligence (PAMI) 30(5):824-840 (2009).

Sutskever I, Training Recurrent Neural Networks, Ph. Thesis, University of Toronto, (2013).

Tan C, “Financial time series forecasting using improved wavelet neural network”, http://www.cs.au.dk/ cstorm /students/Chong_Jul2009.pdf, MS Thesis, CS Dept., Aarhus University, Denmark, (2009).

Vincent P, Larochelle H, Lajoie I, Bengio Y, Manzagol P A, “Stacked denoising autoencoders: Learning useful representations in a deep network with a local denoising criterion”,The Journal of Machine Learning Research 11:3371-3408 (2010).

Yao K, Zweig G, Hwang M, Shi Y, Yu D, “Recurrent neural networks for language understanding”, Proc. Interspeech (2013).

Zhang Q, Benveniste A, “Wavelet networks”, IEEE Transactions on Neural Networks 3(6):889-898 (1992).

第 8 章 案 例 研 究

在下面的案例中，对 LAMSTAR-1 和 LAMSTAR-2 深度学习神经网络进行讨论，其中用于神经网络训练的数据集称为训练集，用于神经网络测试的数据集称为测试集，在利用训练集完成神经网络训练后，需要利用测试集对训练后的网络进行性能测试。这样，对于给定案例中的不同神经网络，它们采用相同的训练集和测试集。同时，仅当采用数据平衡预训练算法时，才会在比较神经网络的训练模式中考虑该预训练。本章的所有案例都没有采用这种预训练的算法。

与其他网络相比，LAMSTAR 的训练方法不同，因此必须注意这方面的问题。

8.1 人类活动识别

本案例的目的是将 CNN、LAMSTAR-1 和 LAMSTAR-2 深度学习神经网络应用于人类活动分类识别问题，并比较这三个网络的性能及其各自的计算时间。此外，我们将对这三种网络与其他 18 个最近发表的有关同一问题和同一数据库的研究结果进行比较。

1. 数据

本案例的数据来自 2 个人类活动数据集。

① 微软研究实验室的 MSRDaily Activity 3D。

② 康奈尔大学计算机科学系的 CAD-60。

这些 RGBD(RGB 和 Depth)数据来自 Kincet 传感器。在 MRSDaily 的 16 项日常活动中，选择 6 项(吃饭、打电话、站立、静坐、静立、步行)。在这 6 项活动中，7590 种不同的姿势用于训练，600 种用于测试。在 CAD-60 的 12 项活动中，选取 5 项活动(刷牙、打电话、喝水、做饭、使用电脑)用于研究。

2. 预处理

由于数据是 3D 图像，因此我们必须考虑 20 个关节的 3D 欧几里得坐标(图 8.1)，即 1.髋关节中心，2.脊柱，3.颈部，4.头部，5.右肩，6.右手肘，7.右手腕，8.右手，9.左肩，10.左手肘，11.左手腕，12.左手，13 右髋，14.右膝盖，15. 右脚踝，16.右脚，17.左髋，18.左膝盖，19.左脚踝，20.左脚。同时，必须对身体的方向进行预处理，以实现视图不变的活动识别。经过上述处理后，我们从身体的 20 个关节可以获得 60 个坐标(人类活动姿势)。通过添加 0，我们得到一个 1×64 的输入向量，将该向量转换为 8×8 的输入矩阵，作为不同神经网络的输入。

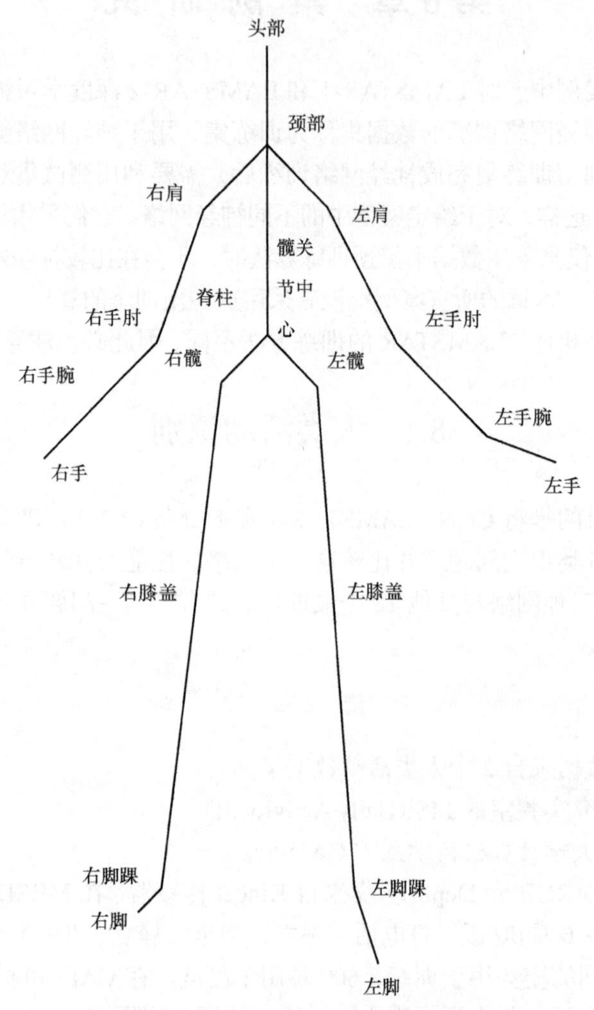

图 8.1　由 Kincet 提供的身体骨骼关节

3. 计算

CNN 以上面坐标图像的一个 8×8 的矩阵作为输入。本研究使用的是基于 MATLAB 中深度学习工具箱(DeepLearnToolbox)的 CNN 程序。DeepLearnToolbox 是一个用于深度学习的 MATLAB/Octave 工具箱，参见附录 C.1 第 1 部分。LAMSTAR-1 的代码在该附录的第 2 部分，预处理在该附录的第 3 部分。

4. 结果

表8.1为基于MRSDaily数据库的不同方法的准确度比较。表8.2为基于CD-60数据库的不同方法的准确度和检索率比较。表 8.3 为 MRSDaily 数据库人类活动分类比较。

表 8.1 基于 MRSDaily 数据库的不同方法的准确度

方法	准确度/%
LOP	42.5
Depth motion maps	43.13
Joint position	68
Moving pose	73.8
Local HOV 4D	80
Actionlet ensemble	85.75
SNV	86.25
HDMM+3ConvNets	81.88
CNN(本研究)	93
LAMSTAR-1(本研究)	95.33
LAMSTAR-2(本研究)	99.67

表 8.2 基于 CD-60 数据库的不同方法的准确度和检索率

方法	准确度/%	检索率/%
MEMM	67.9	55.5
SSVM	80.8	71.4
Structure-motion features	86	84
NBNN	71.9	66.6
Image fusion	75.9	69.5
Spatial-based clustering	78.1	75.4
K-means clusterings+SVM+HMM	77.3	76.7
S-ONI	91.9	90.2
SI point feature	93.2	84.6
Pose kinetic energy	93.8	94.5
CNN (本研究)	92.33	93
LAMSTAR-1 (本研究)	96.67	95.33
LAMSTAR-2 (本研究)	100	100

表 8.3　MRSDaily 数据库人类活动分类

参数	CNN	LAMSTAR-1	LAMSTAR-2
训练时间/s	507.30*	378.63↑	429.425↑
训练精度/%	94.33↕	98.67↕	100↕
测试时间/s	172.36§	151.23§	153.365§

* 表示 7590 个训练样本经过 50 次迭代的训练时间

↑ 表示 7590 个训练样本的训练时间，阈值为 0.9999

↕ 表示使用与训练集相同的输入

§ 表示经过训练网络的 600 个测试样本的时间

8.2　医学：癫痫发作的预测

本案例的目的是验证 CNN、LAMSTAR-1 和 LAMSTAR-2 的准确性及这 3 种网络的训练时间和测试时间，由颅内脑电图数据预测癫痫患者癫痫的发作。

1. 数据集

这个案例的数据是从 https://www. kaggle. com/c/seizure-prediction/data 下载的。发作间期(无癫痫发作)和作为数据的前发作期都具有相同的持续时间(10 分钟)，在癫痫发作开始前 15～5 分钟进行数据采集，每个数据窗口的持续时间为 30 秒，在癫痫发作前或发作后至少一个星期内，随机选择所有的发作间期数据。

2. 预处理

对于 LAMSTAR-1 和 LAMSTAR-2，输入数据包括每 1 秒时间窗口内的主频率。

3. 计算

使用的卷积程序是 CNN 的 Python 的 Lasagne 包，使用 https://lasagne. readthedocs, org/ 将数据输入 CNN，参见附录 C.2。LAMSTAR-1 和 LAMSTAR-2 程序都是基于第 6 章中的核心代码，LAMSTAR-1 和 LAMSTAR-2 均使用 5 个 SOM 输入层。

4. 结果

如表 8.4 所示，当灵敏度为 71%时，CNN 的结果在 2009 年 Mirowski 的文章中报道过，但是针对不同的数据源(德国弗莱堡大学)有不同的预处理。

表 8.4 结果比较-癫痫发作的预测

方法	准确度/%	训练时间/s	测试时间/s
CNN	70	170	3
LAMSTAR-1	81.25	< 1	< 1
LAMSTAR-2	81.25	< 1	< 1

8.3 医学：癌症检测图像处理

本研究的目的是将 BP、CNN、LAMSTAR-1 和 LAMSTAR-2 应用于从质谱数据中区分癌症组和对照组患者。本案例所有的神经网络使用相同的数据，并采用相同的预处理。

1. 数据集

数据来自 FDA-NCI 临床蛋白质组数据库。具体来说，使用的数据来自高分辨率 SELDI-TOF 研究集的数据库(http://home.ccr.cancer.gov/ ncifdaproteomics/ OvarianCD_PostQAQC.zip)。高分辨率 SELDI-TOF 研究集包含两组数据，一组用于癌症，另一组用于正常，它有 121 个(癌症)和 95 个(正常)不同病人的文本文件(txt 文件)。

2. 预处理

本项目采用的方法是选择一组可用于区分癌症和普通患者的简化测量值或特征分类器。这些特征是特定质量或电荷值下的离子强度水平，原始质谱数据是从上面数据集文本中提取出来的，并在名为 MSSEQPROCESSING 的程序#3 中创建 OvarianCancerQAQCdataset. mat 文件。

MSSEQPROCESSING 文件包含三个变量。

① grp: 216×1 的矩阵，有癌症或正常的标签。

② MZ: 15000×1 的矩阵，有 15000 个质量电荷值。

③ Y: 15000×216 的矩阵，表示 216 个病人的 15000 个质量电荷值对应 15000 个离子强度水平。

该程序从前面讨论的 15000 个点中选择 100 个点作为特征向量，并组成一个 100×216 的矩阵，得到的 100×216 矩阵作为 LAMSTAR 和 CNN 的输入，即 216 例患者每人有 100 个特征点。对于 CNN，216 个病人的 100 个特征点应该转换成 10×10 的矩阵；CNN 中的 data.mat 加了两个变量，即 x(100×216)和 t(2×216)用于标记癌症或正常。

3. 计算

对于 CNN，使用的是 CNN 的 ConvNet，它是一个 MATLAB/Octave 工具箱，源代码可在 https://githubxom/sdemyanov/ConvNet.Copyright(c)2014 Sergey Demyanov 获得。程序参见附录 C.3 第 1 部分。BP 使用 BP-MATLAB 工具箱，并用 100 个神经元对应上面预处理产生的特征。参见附录 C.3 的第 2 部分。

4. 结果

性能与计算时间比较如表 8.5 所示。

表 8.5　性能与计算时间比较-癌症检测

参数	BP	CNN	LAMSTAR-1	LAMSTAR-2
训练时间/s	3.984	4.1190	0.8019	0.7998
训练精度/%	88.8	86.768	98.67	100
测试时间/s	1.728	0.7068	0.142	0.1605
识别率/%	84.4	88	92.00	94.00

8.4　图像处理：从 2D 图像到 3D

本案例的目的是应用 CNN 和 LAMSTAR-1 从二维图像提取深度信息，并比较这两个网络的性能及其各自的计算时间。本研究考虑的两个网络共享相同的输入数据，并与 2 项最近发表的关于同一问题的研究结果进行比较。

1. 数据库

本研究的数据源于 B3DO(Berkeley 3D Object Dataset)。Berkley 数据集主要用于对象识别和标记，也适用于本研究。数据集有 749 张 RGB 图像和 849 张对应的 640×48。的地面实况深度地图，可使用 Microsoft Kinect 深度相机在室内环境捕获。在本研究中，室内数据集用于消除对无限深度条件的需求。

2. 预处理

采用如下预处理步骤。

① 图像分割为超像素。

② 深度数据的量化和对数缩放。

③ 围绕超像素质心创建补丁。

这三步导致最终的训练集由 319200 个不同的补丁组成，每个补丁用 1～18 的整数深度标记。

3. 编程

编程使用的 CNN 格式是由 Sergey Demyanov 设计的卷积网络。代码可以在以下链接中找到，即 http://github.com/sdemyanov/ConvNet. CNN，使用 5 个卷积层和 4 个 FC 层(附录 C.4 的第 1 部分)。CNN 参数在 n 个超像素上是共享的。LAMSTAR-1 网络在决策层有 22 个 SOM 层和 18 个输出神经元(附录 C.4 的第 2 部分)。

4. 结果

性能比较(RMS 误差)如表 8.6 所示，并与基于 CNN 和 Saxena 的方法结果进行了比较。Make3D 是基于 RMF 库的方法(第 5 章)。

表 8.6　性能比较(RMS 误差)-从 2D 图像到 3D

方法	RMSE 训练/%	RMSE 测试/%
CNN	19.14	21.82
LAMSTAR-1	15.83	22.46
Eigen 等 - CNN	17.51	24.92
Make3D - RMF	20.06	26.73

8.5　图像分析：场景分类

本案例的目的是将 CNN、LAMSTAR-1 和 LAMSTAR-2 应用于场景分类问题，并比较这 3 个网络的性能及其各自的计算时间。研究考虑三个网络使用相同的输入数据，并采用相同的预处理。

1. 数据集

数据集是小型场所的数据集。具体来说，Places2 dataset ILSVRC2015 小型场所数据集涵盖 400 个场景类别。此案例仅限于 100 个类别。每幅图像分辨率均为 RGB 128×128。

2. 预处理

在预处理步骤中，图像被重新采样为 64×64 分辨率。

3. 计算

在编码 CNN 时使用 Python 中的 Keras 框架(附录 C.5)，输入是 128×128×3，输出是 1×100。它使用 10 个卷积层和 3×3 的滤波器，5 个最大池化层和 3 个 FC 层。LAMSTAR-1 代码遵循 6.3 节的核心代码，有 128 层并在决策层(模块)使用 100 个神经元。

4. 结果

计算时间和性能比较如表 8.7 和表 8.8 所示。

表 8.7 计算时间-场景分类

方法	训练时间 (128×128)/min	测试时间 (10000 图片)/min
CNN	954 (30 迭代次数)	5.83
LAMSTAR-1	734.6 (27 迭代次数)	62.5
LAMSTAR-2	581.7 (21 迭代次数)	64.17

表 8.8 性能比较-场景分类

方法	准确率(128×128)/%	准确率(64×64)/%
CNN	69.24	47.53
LAMSTAR-1	71.04	49.54
LAMSTAR-2	73.04	47.23

由观察可知，即使是 10000 张图片，训练时间也要远远大于测试时间。LAMSTAR-1 和 LAMSTAR-2 的迭代次数少是它们比 CNN 收敛更快的原因。此外，还要注意 LAMSTAR 中的并行计算，使决策层只有 2 个神经元，并且使用 30 个并行处理器(每个类别 1 个)，可以将每个 LAMSTAR 网络的测试速度提升至原来的 15 倍。

8.6 图像识别：指纹识别 1

本案例的目的是将 CNN、LAMSTAR-1 和 LAMSTAR-2 用于指纹识别问题，并比较这三个网络的性能及其各自的计算时间。本研究考虑的3个网络使用相同的输入数据，并采用相同的预处理。

1. 数据集

数据集取自指纹数据集，包含从10个人采集的8个黑/白指纹，每人6个指纹用于训练(总共60个指纹)，2个指纹(总共20个指纹)用于测试。

2. 方法

研究使用的基本模式为三脊模式，即弓形纹、箕形纹和斗形纹。指纹脊和指纹细节如图8.6所示。

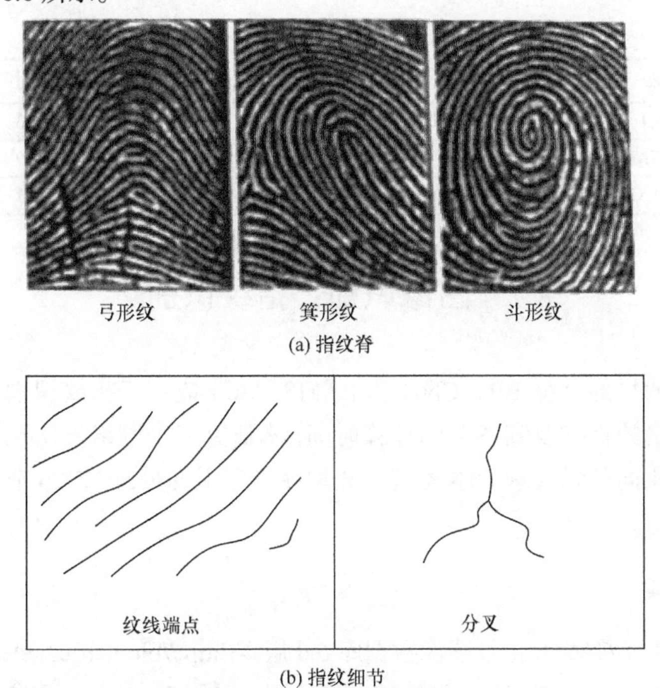

(a) 指纹脊

(b) 指纹细节

图8.6 指纹脊和指纹细节

3. 预处理

模式中的独特特征称为细节。指纹脊的主要核心点是纹线端点和分叉(图8.6(b))，在预处理中提取这些细节。使用MATLAB中的Fingerprint Minutiae (附录C.6)的算法。此外，该算法还包括脊细化。

预处理程序与FVC一样，由细化、脊端精炼和分叉查找3部分组成，它的输出用于输入本案例的3个DLNN。

4. 计算

使用 CNN、LAMSTAR-1 和 LAMSTAR-2 这 3 个程序进行计算。CNN 算法是 Python Theano.tensor 程序，该案例研究的应用在附录 C.6 的第 1 部分中有概述。LAMSTAR-1 和 LAMSTAR-2 都具有 16×16 的输入矩阵，即 16 层。每层 16 个输入，LAMSTAR-1 程序在第 2 部分给出，LAMSTAR-2 的核心程序在 6.3 节，由 LAMSTAR-1 代码到 LAMSTAR-2 代码的直接调整获得。

5. 结果

结果摘要如表 8.6 所示。

表 8.6　结果摘要-指纹识别

方法	成功率/%	求解时间/s
CNN	90	1.3
LAMSTAR-1	92	0.9
LAMSTAR-2	96.3	0.7

8.7　图像识别：指纹识别 2

本案例的目的是将 BP、CNN 和 LAMSTAR-1 应用于指纹识别问题，并比较这三个网络的性能及其各自的计算时间。本研究三个网络使用相同的输入数据，并采用相同的预处理。本案例在数据库细节上的处理与 8.6 节有所不同，使用的是 BP。

1. 数据库

数据集来自 CASIA 指纹图像数据库 5.0 版本(http://biometrics. idealtest.org/)。该数据库包含 500 人的 20000 份指纹，指纹图像采用 URU4000 采集，有 8 个手指(左和右拇指/第二/第三/第四手指)的 40 个指纹图像，即每个手指 5 个图像，所有指纹图像均为 8 位灰度 BMP 文件，分辨率为 328×356。

2. 预处理

预处理过程包括图像增强、二值化、细化、特征提取等步骤。一般来说，这个过程与 8.6 节的情况类似，但在几个细节上有所不同。预处理见附录 C.6。

3. 计算

BP 程序通过再处理得到增强，涉及删除错误的细节(与第 8.6 节的案例不同)，CNN 代码使用 Python 的 Lasagne(http://lasagne. readthedocs. org/en/ latest/ user/installation. html)，如附录 C.7 所示。LAMSTAR-1 代码同第 6 章。

4. 结果

结果比较如表 8.9 所示。

表 8.9 结果比较-指纹识别 2

方法	准确率/%	计算时间/s
BP	92.2	38.6
BP(经过再处理)	94.5	28.9(较快聚合)
CNN	92.3	2.4
LAMSTAR-1	95.1	1.1

8.8 人脸识别

本案例的目的是将 CNN、LAMSTAR-1 和 LAMSTAR-2 应用于人脸识别问题，并比较这三个网络的性能和各自的计算时间。研究时，3 个网络使用相同的输入数据，并采用相同的预处理。

1. 数据库

数据集使用来自耶鲁大学人脸数据库的 45 张属于 15 个人的 RGB 面部图像。

2. 预处理

上述数据首先按 4 个阶段进行如下预处理。

① 将 RGB 转换为灰度。

② 裁剪。

③ 二值化。

④ 通过主成分分析(principal components analysis, PCA)进行特征提取。

每个人脸 20 个特征向量的 PCA 输出作为 LAMSTAR-1 和 LAMSTAR-2 的输入，它们代表人脸的典型特征。CNN 中的 PCA 预处理通过 Python 的 PIL image library(附录 C.8 的第 1 部分)整合到网络的输入。

3. 计算

CNN 是 CaffeeNetConv 代码。有关 CNN 程序的初始部分，参见附录 C.8 的第 1 部分，LAMSTAR-1 和 LAMSTAR-2 都使用 20 层(与特征向量的数量相同)，每层 10 个神经元。LAMSTAR-1 程序在附录 C.8 的第 2 部分给出。

4. 结果

性能比较结果如表 8.10 所示。

表 8.10　性能比较-面部识别

方法	成功率/%	计算时间/a
LAMSTAR-2	97.78	0.914
LAMSTAR-1	95.56	1.286
CNN	91.12	1.405

8.9　图像识别：蝴蝶种类分类

本案例的目的是将 CNN、LAMSTAR-1 和 LAMSTAR-2 深度学习神经网络应用于蝴蝶物种分类，并比较这三个网络的性能及其计算时间。研究采用的 3 个网络使用相同的输入数据。

1. 数据库

数据集取自利兹蝴蝶数据集。该数据集包括 10 个蝴蝶类别的 832 张 RGB 图像，这些图像按照它们的科学名称进行排序，其中 80%用于训练，20%用于测试。

2. 预处理

预处理步骤包括背景去除、灰度变换、去除噪声、轮廓分割掩模和特征提取。特征提取包括建立三个矢量，即颜色、形状和纹理。颜色矢量使用归一化直方图导出。形状矢量采用几何面积、周长和距离方程。纹理矢量采用离散小波变换。因此，共得到 16 个特征来代表一个图像(参见附录 C.9 的第 1 部分)。

3. 编程

CNN 采用的是 Keras(Python 库)Theano 代码(参见附录 C.9 第 2 部分)。CNN 输入大小为 150×150 的原始图像，CNN 输出大小为 1×10 的图像，LAMSTAR-1 的代码在第 3 部分给出。LAMSTAR-1 和 LAMSTAR-2 有 16 层，并从附录第 1 部

分的预处理器算法中接收输入。

4. 结果

比较训练结果如表 8.11 所示。CNN 程序没有进行预处理，这会影响 CNN 的准确性，并进一步增加计算时间，因为 LAMSTAR-1 和 LAMSTAR-2 的结果包含预处理时间。

表 8.11 比较训练-蝴蝶的分类

方法	准确度/%	训练时间/s
CNN (迭代次数)	91.2	20.3
LAMSTAR-1	92.1	2.1
LAMSTAR-2	94.4	1.07
State of the art-MLP-BP	81.57	
State of the art (3-layer feed forward) BP	86	

8.10 图像识别：树叶分类

本案例的目的是将 CNN、LAMSTAR-1 和 LAMSTAR-2 应用于图像分类问题，并比较这 3 个网络的性能及其各自的计算时间。研究采用的 3 个网络使用相同的输入数据。

1. 数据集

从 Flavia 数据库下载了 32 个植物物种的 RGB 图像，每个物种有 50 个图像。

2. 预处理

首先将所有图像转换为灰度，然后进行特征提取得到 5 个几何特征向量(面积、周长、直径、兼容性和密实度)和 5 个结构特征向量(中位数、方差、均匀性、熵均质性和惯性)，最后用得到的个特征向量表示每个图像。CNN 不使用这种预处理。

3. 编程

CNN 使用 Lasagne (Python 库)Theano 代码(附录 C.10 的第 1 部分)。CNN 的输入大小是 200×200 的原始图像，CNN 的输出大小是 1×32。LAMSTAR-1 代码在第 2 部分给出。LAMSTAR-1 和 LAMSTAR-2 使用 11 个层，从附录 LAMSTAR-1

算法包含的预处理器算法接收其输入。

4. 结果

性能比较结果如表 8.12 所示。CNN 算法未使用上述的预处理，并且 CNN 使用原始数据，这可能会影响性能。

表 8.12 性能比较-叶子分类(CNN 不使用预处理)

方法	准确度/%	训练时间/s
CNN	91.7	100.3
LAMSTAR-1	92.5	5.6
LAMSTAR-2	94.2	3.48
State of the art-MLP-BP	90	

8.11 图像识别：交通标志识别

本案例的目的是将 CNN、LAMSTAR-1、LAMSTAR-2 用于交通标志识别问题中的数据可视化，并比较这三个网络的性能和各自的计算时间。研究采用的 3 个网络使用相同的输入数据，并采用相同的预处理。

1. 数据集

本案例研究的数据来自 http://benchmark.ini.rub.de/?section=gtsrb&subsection=dataset。这些图像采用不同的格式。图像分辨率大小在 15×15～250×250。

2. 预处理

交通标志的颜色、形状和大小各不相同，有长方形、圆形和三角形等，并且能够与其他标志一起使用，因此预处理是必不可少的。预处理步骤主要包括灰度变换、噪声滤波、阈值化、填充区域孔洞、寻找边界、分离连通标志、裁剪和调整大小。

3. 计算

LAMSTAR 代码由 20 个输入层组成，每层 10 个神经元。LAMSTAR 代码遵循第 6 章的核心代码。代码的设置部分在附录 C.11 给出。CNN 代码来自 MatConvLibrary。使用以下程序包 Python-dev、python-numpy、python-hot、python-magic、python-matplotlib、Libatlas-base-dev、libjpeg 和 libopencv-dev。CNN

由两个卷积层组成。Softmax 回归用于 CNN 输出层的分类。

4. 结果

结果比较如表 8.13 所示。

表 8.13　结果比较-交通标志识别

方法	成功率/%	计算时间/s
CNN	94.23	12.64
LAMSTAR-1	86.93	18.54
LAMSTAR-2	92.23	15.29

8.12　信息检索：编程语言分类

本案例的目的是通过 BP、LAMSTAR-1 和 LAMSTAR-2 对计算机程序使用的编程语言进行分类，并比较这 3 个网络的性能。研究考虑 4 种分类，以检测用 Python、C、Ruby 或其他语言编写的程序。

1. 数据集

数据集来自一个生成器，从 C、Python、Ruby 或其他随机选择的语言中生成代码片段。每个代码片段表示在声明或赋值的局部变量中传递面向对象函数和返回的其中一个参数或局部变量。类型可以是整数，也可以是浮点数。代码行执行的可以是基本语句、if 语句、while 循环和 for 循环。代码段的大小是 600。

2. 预处理

所有代码片段都用 ASCII 格式表示，以便在适当精减后可以与 0～63 的值进行映射。在 BP 算法中，所有值都乘以 0.015873，以便将所有可能的 64 个值均匀分布到 0～1。在 LAMSTAR-1 和 LAMSTAR-2 中，输入值标准化为长度为 1 的向量。

3. 计算

BP 网络的代码采用 MATLAB BP 库代码，而 LAMSTAR 代码遵循第 6 章的核心代码。附录 C.12 给出了代码的主要部分。

4. 结果

编程语言分类结果如表 8.14 所示。

表 8.14　编程语言分类结果

方法	准确率/%	训练时间/s	测试时间/s
BP	44.6	1.34～11.11	0.036～0.038
LAMSTAR-1	72.76	0.34～125	0.35～0.46
LAMSTAR-2	83.15	0.13～0.975	0.27～0.525

8.13　信息检索：对从转录自然语言在会话中的信息分类

本案例研究的目的是将 BP、LAMSTAR-1、LAMSTAR-2 和 SVM 应用于转录自然语言的信息分类，并比较这 3 个网络的性能。研究采用的 3 个网络和 SVM 使用相同的输入数据，并采用相同的预处理。

在这个问题中，用户提供自然语言查询，这些自然语言查询被转录，并应用于检索如下 3 种可能的响应类型的数据。

① 基于用户请求描述的感兴趣的数据进行新的数据可视化。

② 基于用户请求描述的感兴趣数据的已有可视化。

③ 在屏幕上移动的已有的数据可视化。

1. 数据集

数据集来自芝加哥的犯罪数据(https://data.cityofchicago.org/public-safety/cris-2001to-present/ijzp -q8t2)，包括犯罪类型、犯罪地点和犯罪时间类型。例如，用户可能会查询“显示餐厅每月发生的凶杀案”。在这种情况下，“凶杀”是一种犯罪类型，“餐厅”是一个地点类型，“月”是一个时间类型。用户可以使用的芝加哥犯罪数据的类型，如表 8.15 所示。

本案例在上面的数据中考虑 40 个用户的训练请求和 60 个测试请求。

表 8.15　芝加哥犯罪数据的类型

犯罪类型		
过失杀人	刑事损害	非法入侵
盗窃	殴打	诈骗
地点类型		
小巷	公寓	大街
加油站	停车场	住宅
小型零售店	饭店	食品杂货店
时间类型		
某月某日	某年某天	某年某月
某天的某个时间	某年	某年某月

2. 预处理

在本案例中，预处理应用于数据，使不重要的单词不保留在每个用户请求中，而是仅包括区分特征。预处理步骤如表 8.16 所示。应该注意虽然停用词删除不需要任何特殊的 API，因为我们只是从停用词列表中删除，但是需要使用 Java 中的斯坦福解析器来完成词形还原，使用 OpenNLP 完成词性步骤。

表 8.16 预处理步骤

步骤	操作
停用词删除	删除常用单词 (the、because、for、…)
词性还原	提供每个单词的词根 (meeting 的词根是 meet)
词性	不是名词的删除(动词或形容词)

3. 计算

LAMSTAR 主要代码遵循第 6 章的核心代码。接下来的是 LAMSTAR 文本分类，如附录 C.13 第 1 部分所示的 Java 代码。SVM 代码在第 2 部分。

4. 结果

性能比较结果如表 8.17 所示。

表 8.17 性能比较-自然语言文本分类

方法	准确率/%	计算时间/ms
BP	60	1268
SVM	67	345
LAMSTAR-1	78	122
LAMSTAR-2	78	680

8.14 语音识别

语音识别的目的是将 CNN、LAMSTAR-1 和 LAMSTAR-2 深度学习神经网络应用于语音识别问题，并比较这三个网络的性能及其各自的计算时间。研究的 3 个网络使用相同的输入数据，并采用相同的预处理。

1. 数据库

数据集包含 10 个单词(紫、蓝、绿、黄、橙、红、白、黑、粉红和棕)，使用麦克风录制 20 个不同的使用者。训练数据集由 15 组单词组成，测试数据集由 5 组单词组成，其中每组由同一使用者说出的上述 10 个单词组成。

2. 预处理

在这项研究中有 4 个预处理步骤。

① 使用一阶滤波器预加重 $H(z)(H(z)= 1 - 0.95\ z^{-1})$以加强高频率。

② 帧阻塞。

③ 创建数据窗口。

④ 功能提取梅尔-频率倒谱系数(Mel-frequency cepstral coefficients, MFCC)。

因此，每个单词由 20 帧和 12 个系数组成。

3. 计算

本案例使用的 CNN (LeNet)代码是一个 theano.tensor 程序，参见附录 C.14 的第 1 部分(ReadData、cnn_ff、cnn_setup 部分)。

LAMSTAR-1 和 LAMSTAR-2 有 20 层(子词)，每层 12 个神经元，参见附录 C.14 的第 2 部分(lamstar.m 部分)。

4. 结果

性能比较结果如表 8.18 所示。

表 8.18　性能比较-语音识别

方法	成功率/%	计算时间/s
CNN	94	1.4
LAMSTAR-1	96	1.0
LAMSTAR-2	98	0.93

8.15　音乐流派分类

本案例的目的是将 CNN 和 BP 神经网络应用于音乐流派分类，并对使用的网络性能和速度进行比较。研究的音乐类型包括流行音乐、摇滚、民歌和中国传统音乐。

1. 数据集

500 首歌曲，每首 20 秒。每首歌都是 20kHz 的样品。歌曲来自 http://music.baidu.com 和 http://www.kuke.com。

2. 预处理

对 CNN 处理数据，首先要将其转换为二维谱图，生成的二维图像用作 CNN 输入。

3. 计算

用 MATLAB BP 代码实现 BP 网络的训练。CNN 网络使用的是具有单个卷积层的 CNN 代码。

4. 结果

结果比较如表 8.19 所示。CNN 的结果经过 100 次迭代训练得出。

表 8.19　结果比较-音乐流派分类

方法	准确度/%	训练时间/s
BP	81.91	35.66
CNN	92.52	9.46

Deshpande 做的一个类似的案例仅限于 3 种类型(古典、摇滚和爵士乐)。使用的数据集是 Marsyas GTZAN 数据集(http://marsyasweb.appspot.com/download/data_sets/)，涵盖 CNN、LAMSTAR-1 和 LAMSTAR-2。CNN 代码是用 Python 编写的(附录 C.15)，用于输入的图像样谱图是使用 Marsyas 软件(http://marsyas.info/)获得的。结果比较如表 8.20 所示。

表 8.20　结果比较-音乐流派分类

方法	精确度/%	计算时间/s	
		训练	测试
CNN	90	5.33	3.87
LAMSTAR-1	93.3	4.965	2.11
LAMSTAR-2	96	3.17	1.85

8.16　安全/财务：信用卡欺诈检测

本案例的目的是将 BP、LAMSTAR-1、LAMSTAR-2 和 SVM 应用于检测信用卡欺诈风险，并比较其性能和计算速度。

1. 数据集

数据集是德国信用数据集，包含 1000 个已经被分类的客户。

2. 属性

德国信用数据集包含 20 个属性。在 20 个属性中，7 个是数值属性，13 个是类别属性。数值属性包括支付期限(月)、信用金额、分期付款率和年龄等。分类属性包括现有支票账户的状态、信用历史、用途、储蓄账户和债券等。每个类别对应一个唯一的标签。例如，将信用历史属性分为 5 类，即未取或全部已归还的信用、已归还本行所有的信用、已归还现有的信用、曾延迟归还的信用，以及关键账户或其他账户(银行)。数据集的 20 个属性重新排列，预处理为 24 个特征输入所有网络。

3. 计算

BP 代码是一个标准的 MATLAB 程序，有 24 个输入和 1 个有 20 个神经元的隐藏层。LAMSTAR 由 24 个 SOM 输入层组成，与 24 个特性相对应。附录 C.16 给出了 LAMSTAR-2 代码。研究使用的 SVM 的程序是 MATLAB 统计工具箱中的函数 fitcsvm。

4. 结果

结果比较如表 8.21 所示。

表 8.21　结果比较-信用卡欺诈检测

方法	成功率/%
BP	65.3
LAMSTAR-1	70
LAMSTAR-2	70
SVM	68.6

8.17　从测试钻井的渗透率数据预测石油钻探位置

本案例的目的是基于测试钻井的渗透率数据，利用 DLNN 预测原油钻探的合适位置。原油生产在很大程度上依赖这些样本，而正确的预测意味着极大的节约。渗透率的数学分析是一个高度复杂的非线性问题，属于 DLNN 的范畴。

1. 数据库

数据来自库区测井记录的 356 个核心数据点的实际数据。所用数据为微球聚焦电阻率测井(MSFL)、纵波传播时间(DT)、中子孔隙度(NPHI)、总孔隙度(PHIT)、容重(RHOB)、密度(DRHO)、未冲洗区饱和度(SWT)、井径测井(CALIL)、真实地层电导率(CT)、伽马射线(GR)、电阻率(RT)和渗透率(PERM)。

2. 预处理

对核心渗透率与测井数据进行相关分析。Log10 应用于 MSFL 和 CT 在包括相关系数方面观察到的显著改善。

3. 程序设计

MATLAB 的 BP 代码由两个隐藏层组成，每个隐藏层有 5 个神经元。输出层有 1 个神经元。网络的输入是不同的测井曲线。LAMSTAR 代码(附录 C.17)由每个测井曲线变量的一个 SOM 输入层组成，如本案例研究的预处理段落所列。

4. 结果

结果比较如表 8.22 所示。

表 8.22　结果比较-钻头位置预测

方法	成功率/%	计算时间/s
BP	50	57.8 (逼近)
LAMSTAR-1	69.79	0.865
LAMSTAR-2	73.03	0.8445

8.18　森林火灾预测

本案例的目的是将 CNN、LAMSTAR-1 和 LAMSTAR-2 应用于预测森林火灾，并比较其性能和计算速度。

1. 数据集

数据来自加利福尼亚大学欧文分校机器学习库(http://archive.ics.uci.edu/ml/datasets/Forest+fire)。它由 12 个输入变量和 1 个输出变量(特征)组成。输入变量为 XY 坐标、日、月、FFMC(精细燃料湿度代码)、DMC (Duff 湿度代码)、DC(干旱代码)、ISI(初始扩散指数)、温度、湿度、风速及降雨量。输出以 5 个等级(0～4)表示，目的是正确分类所有输出。

2. 预处理

在以上 12 个输入特征中，研究选取 FFMC、DMC、DC、ISI、温度、湿度、风速和降雨量作为输入特征。该数据首先使用灰度归一化，然后进行二值化，减少数据欠采样和过采样方法的不平衡影响。

3. 计算

CNN 源代码来自 https://github.com/rasmusbergpalm/DeepLearnToolbox。其初始部分见附录 C.18 第 1 部分。LAMSTAR-1 和 LAMSTAR-2 的编程遵循第 6 章的 LAMSTAR 核心代码。它由 8 个层组成，符合数据集使用的 8 个特性。LAMSTAR 程序的设置部分在附录 C.18 的第 2 部分。采用线性和非线性 SVM 算法对 SVM 计算进行比较。

4. 结果

性能和计算时间如表 8.23 所示。

表 8.23　性能和计算时间-森林火灾预测

方法	准确率/%	灵敏度/%	计算时间/s	
SVM(线性)	68.8	60	52	
SVM(非线性)	70.6	70	53	
CNN	85.71	86	21.3 (训练)	0.23 (测试)
LAMSTAR-1	90.47	90.7	12.6 (训练)	1.5 (测试)
LAMSTAR-2	92.86	93	13.2 (训练)	1.6 (测试)

8.19　市场微观结构中价格走势预测

本案例的目的是将 LAMSTAR-1、BP、SVM 和径向基函数(radial basis function, RBF)应用于对市场微观结构中价格走势的预测。

1. 数据库

数据库是属于公共领域的高频交易数据。

2. 预处理

预处理详见 Graupe(2013)[①]第 9.C.2.2 节。

3. 编程

编程详见 Graupe(2013)[①]第 9.C.6 节。

4. 结果

性能比较如表 8.24 所示。

表 8.24　性能比较-市场微观结构

方法	准确率/%	计算时间/s
RBF	72.2	126
SVM	73.15	206
BP	73.15	127
LAMSTAR-1	73.35	92

8.20　故障检测：通过声波发射诊断轴承故障

本案例研究的目的是通过 BP、LAMSTAR-1 和 LAMSTAR-2 由声波发射(acoustic emission, AE)数据检测机器轴承故障，并比较这 3 个网络的匹配性能和计算速度。

1. 数据集

数据来自 Dr.David He 的声波发射测量数据。由博卡轴承公司对 6025 型全陶瓷轴承进行声波发射测量。

2. 预处理

利用 Hilbert-Huang 对 AE 信号进行预处理变换，产生几个固有模态函数(intrinsic mode function, IMF)。以 3 个 IMF 函数(均方根、峰度和峰顶)作为 LAMSTAR 网络的特征(子词)，并作为 BP 网络的输入。

3. 计算

案例采用 BP、LAMSTAR-1 和 LAMSTAR-2 神经网络进行计算。附录 C.20 给出了本案例研究中使用的预处理代码。

---

① 原书未提及，译者认为是 Graupe D. Principles of Artificial Neural Networks. 3rd ed. Singapore: World Scientific Publishing, 2013.

4. 结果

性能比较结果如表 8.25 所示，LAMSTAR-2 的检测精度接近完美(99.56%)。

表 8.25　性能比较-故障检测

准确率	BP	LAMSTAR-1	LAMSTAR-2
内圈/%	93.75	95.89	98.78
外圈/%	100.00	100.00	100.00
表壳/%	78.57	93.23	99.89
平衡度/%	94.12	96.89	100.00
健康值/%	100.00	100.00	99.14
总结/%	93.75	97.20	99.56
训练时间/s	254	98	133

参考文献

https://epilepsy.uni-freiburg.de/freiburg-seizureprediction-project/eeg-database/, Clinical Neurophysiology, 120(11): 1927-1940 (2009).

Deep learning, http://deeplearning.net/tutorial/html.

Eigen D, Puhrsch C, Fergus R, "Depth map prediction from a single image using a multi-scale deep network", CoRR, abs/1406.2283, 2014.

Liu X Y, Wu J, Zhou Z H, "Exploratory undersampling for class imbalance learning", Proe. IEEE ICDM Conf. 965-969(2006).

Saxena A, Sun M, Ng A Y, "make 3d: Learning 3d scene structure from a single still image", IEEE Transactions of Pattern Analysis and Machine Intelligence (PAMI), 30(5): 824-840 (2009).

American Epilepsy Society Seizure Prediction Challenge. https://www. kaggle. eom/c/seizure-prediction/data, 2014.

Apache OpenNLP Java API used for part-of-speech preprocessing https://opennlp.apache.org.

Blake C, Merz C, "UCI repository of machine learning databases", inhttp://archive. ics. uci.edu/m l/index.htm l, 1998.

Chaki J, Parekh R, "Plant leaf recognition using shape based features and neural network classifiers", International Journal of Advanced Computer Science and Applications (IJACSA), 2(10), 2011.

Flavia Database, http://flavia-plant-leaf-recognition-system.soft112.com/.

FVC, 2nd Fingerprint Verification Competition, University of Bologna, bias.csr. unibo. it/fvc2002/databases.asp, 2002.

Gaglio S, Lo Re G, Morana M, "Human activity recognition process using 3-D posture data",in IEEE Transactions on Human-Machine Systems (2014).

Garcia V, Sanchez J S, Mollineda R A, Alejo R, Sotoca J M, "The class imbalance in Pattern

Classification and Learning", Ferrer-Troyano F J. CongEspanol de Informatica, pp. 283-291, Zaragoza (2007).

Gupta R, Chia A Y S, Rajan D, "Human activities recognition using depth Images", in Proc. of the 21st ACM International Conference on Multimedia (2013).

http://pr.cs.comell.edu/humanactivities/data.php. Copyright Cornell University, (2009).

http://research.niicroi5oft.com/en-us/um/people/zliu/actionrecorsrc/.

Http://www.mathworks.com/matlabcentral/fileexchange/31926fingerprint-minutiae-extraction/contcn t/Fingerprint Minutiae Extraction/Minutuae Extraction.m.

https://github.com/rasmusbergpalm/DeepLearaToolbox. Copyright,2012.

https://pypi.python.org/pypi/Lasagne.

Kaur M, Singh M, Girdhar A, Sandhu P S, "Fingerprint verification systemusing minutiae extraction technique", International Journal of Computer, Electrical,Automation, Control and Information Engineering ,2(0),(2008).

Keras 0.1.0, Python Software Foundation https://testpypi. python. org/ pypi/ Keras/ 0.1.0.

Koppula H S, Gupta R, Saxena A, learning human activities and object affordances from RGB-D videos", arXiv:1210.1207v2, May 2013.

Mirowski P, Madhavan D, LeCun Y,Kuzniecky R,"Classification of patterns of EEG synchronization for seizure prediction".

Murphy J,https: //www. microway. com/hpc-tech-tips/keras-theano-deep. learning- frameworks/,2015.

Ni B, Pei Y, Moulin P, Yan S, "Multilevel depth and image fusion for human activity detection", IEEE Trans. Cybernetics (2013).

Oreifej O, Liu Z, "Hon4d: Histogram of oriented 4d normals for activity recognition from depth sequences", in CVPR(2013).

Parisi G I, Weber C, Wermter S, "Self-organizing neural integration of posemotion features for human action recognition". in Frontier in Neurobotics (2015).

Russakovsky O, et al.ImageNet large scale visual recognition challenge, IJCV(2015).

Shan J, Akella S, "3D Human action segmentation and recognition using pose kinetic energy",IEEE Workshop on Advanced Robotics and its Social Impacts(ARSO), 2014.

Siddique S, "A wavelet based technique for analysis and classification of TextureImages",Carleton University,Ottawa, Canady Proj. Rep. 70.593, April 2002.

Stanford Parser Java API used for Lemmatization preprocessing, http://nlp.stanford.edu/ software/lex-parser.shtml.

Sung J, Ponce C, Selman B, Saxena A, "Human activity detection from RGBD images", Proc. AAAI Workshop on Pattern, Activity and Intent Recognition (PAIR), 2011.

Sung J, Ponce C, Selman B, Saxena A, "Unstructured human activity detection from RGBD images, "Proc. ICRA (2012).

Wang J, Liu Z, Wu Y, Yuan J, "Mining action let ensemble for action recognition with depth cameras",Proc. CVPR (2012), Providence, Rhode Island, June 16-21, 2012.

Wang J, Markert K, Everingham M, "Leeds Butterfly Dataset", http//www. comp.leeds.ac.uk/ scs6jwks/dataset/leedsbutterfly/, Learning Models for Object Recognition from Natural Language

Descriptions, Proceedings 20th British Machine Vision Conference , 2009.

Wang P, Li W, Gao Z, Zhang J, Tang C, Ogunbona P, "Deep convolutional neural networks for action recognition using depth map sequences", arXiv, preprint arXiv:1501. 04686,2015.

Yale face-database, http://vision.ucsd.edu/content/yale-face-database.

Yang X ,Tian Y ,"Super normal vector for activity recognition using depth sequences", CVPR (2014).

Yang X, Tian Y,"Effective 3D action recognition using eigenjoints", Journal of Visual Communication and Image Representation (JVCIR), Special Issue on Visual Understanding and Applications with RGBD Cameras (2013).

Yang X, Zhang C, Tian Y, "Recognizing actions using depth motion maps based histograms of oriented gradient", ACMMM(2012).

Zanfir M, Leordeanu M ,Sminchisescu C ,"The moving pose: An efficient 3d kinematics descriptor for low-latency action recognition and detection", ICCF(2013).

Zhang C ,Tian Y,"RGB-D camera-based daily living activity recognition", Journal of Computer Vision and Image Processing, 2(4), 2012.

Zhu Y, Chen W, Guo G, "Evaluating spatiotemporal interest point feature for depth-based action recognition", Image and Vision Computing (2014).

第9章 总　　结

本书讨论了8种类型的神经网络。首先，介绍认知机及新认知机。新认知机(第3章)因其历史价值而具有代表性，并且在非常重要的CNN的设计中给予了启发，这正是引发人们对DLNN关注的主要原因。实际上，新认知机的设计是为了深入研究图像识别，就其本身而言，并不是用来实现视觉的深度学习。

BP网络是第一个应用范围广泛，普遍适用的神经网络。然而，它却遭受着“维度的诅咒”。正如本书的案例所示，它的运算速度太慢，并且依赖梯度优化，所以性能通常弱于其他DLNN。

由于计算速度缓慢且适用性有限，DBM、DRNN和DCNN比CNN、LAMSTAR-1和LAMSTAR-2给出了更少的细节。本书的重点是CNN、LAMSTAR-1和LAMSTAR-2，因为它们的性能、速度和应用的通用性都远远超过其他网络。

一些案例的研究也利用神经网络领域外的方法对性能进行分析。在这方面，有5个案例采用SVM与CNN和LAMSTAR进行比较(8.1节、8.12节、8.15节、8.17节和8.19节)，而与RBF也比较了一次(8.19节)，还在8.1节比较其他非神经网络体系结构。本书使用具体的比较案例(第8章和附录)补充验证各种网络的设计理论。

这些案例旨在说明和强调DLNN的应用范围。这些神经网络的广泛应用是理解DLNN及其作用和意义的一个重要方面。此外，所有案例都在使用相同的计算机和语言的前提下，对DLNN的性能和计算速度这两个方面做了比较。速度和性能的结果总是与特定的数据集、代码、预处理，以及程序员的特定编程技能有关，因此结论可能会有偏颇。本书的20个案例中有11个涉及BP(8.3节, 8.7节, 8.9节, 8.10节, 8.12节, 8.13节, 8.15节～8.17节, 8.19节和8.20节)，有13个案例涉及CNN(除8.12节, 8.13节, 8.16节, 8.17节, 8.19节和8.20节外)，17个案例涉及LAMSTAR-2(除8.4节, 8.7节和8.19节外)，20个案例全部涉及LAMSTAR-1。

我们说LAMSTAR-2是非常新颖的，过去大多数关于LAMSTAR的文献都是在LAMSTAR-1基础上的。

综合本书20个案例的结果，CNN、LAMSTAR-1、LAMSTAR-2，以及BP网络在不同应用中的普适性是明显的。

在考虑性能和计算速度时，结合本章表达的保留意见，应该注意以下几点。

在研究的案例中，LAMSTAR-1 在性能上总是优于 SVM(8.1 节、8.13 节、8.16 节、8.18 节和 8.19 节)，但在 8.19 节的案例中，准确率差异为 0.2%。这两个案例对计算速度也进行了比较(8.13 节和 8.19 节)，LAMSTAR-1 比 SVM 快得多。在案例 8.13 中，SVM 比 LAMSTAR-1 慢，比 LAMSTAR-2 快，但是它的性能远低于 LAMSTAR-1 和 LAMSTAR-2。当然，因为只有 5 个案例，对于任何结论来说都太少了，希望将来能有更多的比较案例用于评估。

在与 LAMSTAR 进行比较的 11 个案例中，BP 比 LAMSTAR 慢，性能比 LAMSTAR-1 或 LAMSTAR-2 差。在 BP 与 CNN 比较的 5 个案例中，CNN 在其中 4 例(8.3 节、8.9 节、8.10 节、8.15 节)中表现较好，案例 8.7 稍微落后于改进的 BP。在所有的案例中，CNN 都远快于 BP。

8.3 节的案例引用与 DBM 相关的算法在相关文献中的结论，它们被应用到与该案例研究类似的问题上。在该案例研究中，性能显著低于使用 CNN 或 LAMSTAR-1 获得的性能，但是各种算法没有与 DBM 进行比较

在第 8 章(8.1 节和 8.19 节)的案例中，其他非神经网络体系结构方法的性能都低于 CNN、LAMSTAR-1 和 LAMSTAR-2。

在 14 个案例的研究中，对 CNN 与 LAMSTAR-1 和 LAMSTAR-2 进行了比较。其中有 12 例是 LAMSTAR-2 与 CNN 案例比较(8.1 节～8.3 节、8.5 节、8.6 节、8.8 节～8.11 节、8.14 节、8.15 节、8.18 节)，LAMSTAR-2 的表现比 CNN 好一些，速度较快。在 8.11 节的情形下，CNN 可以产生更好的性能，比 LAMSTAR-2 更快。此外，LAMSTAR-2 是在本书考虑的情况下都表现最好的，但是 8.11 节 CNN 表现更好。LAMSTAR-1 与 CNN 比较两次(8.4 节、8.7 节)，且在与 CNN 的所有比较中表现更好(不包括 LAMSTAR-2)。

在应用 LAMSTAR-1 和 LAMSTAR-2 的 17 个案例中，LAMSTAR-2 准确率优于 LAMSTAR-1，而在其他 3 个案例中未进行比较。在计算速度方面，这两个网络几乎没有差异。

在分析上述案例结果时，我们必须记住，在比较 LAMSTAR 与 CNN 的性能时，必须考虑这两种设计之间的根本区别：CNN 的设置在训练结束时被冻结，而 LAMSTAR 从不停止训练。每一个新的数据都会增强它的性能。对于 10000 个样本的数据集，CNN 可能使用 8000 个样本进行训练，而 LAMSTAR 则边训练边学习，每一个新样本都有帮助，因此它隐含地有 10000 个样本供学习。实际上，在 CNN 中测试的 2000 个样本中，可能有一些 CNN 从未训练过的信息，这些信息会导致某种程度上性能的破坏，结果也表明了这点。当然，CNN 可以一次又一次地重新训练，但这会大大减缓 CNN 的速度。我们应注意到它的 BP 式学习，当数据随着时间的推移而增加时，如大多数金融和医疗应用中的情况、天气预测、故障检测，以及任何其他在线应用的情况。

LAMSTAR 的理念是网络永远不会停止学习(也不会忘记)，这模仿了人类的学习。这使 LAMSTAR 在训练中获得优势。在面对丢失的数据或不完整的数据时，即使缺少属性，在进行整合和排序方面，它的学习能力也是有优势的。并行处理是 CNN 和 LAMSTAR 都采用的一个特性，这是可以轻松实现的。如 6.5 节所述，LAMSTAR 中数据平衡的预训练并不能否定上述优点，因为它可以通过并行处理实现。如果数据结构随时间发生变化，则根据需要进行重复训练。

无论 DLNN 新领域的研究进展如何，未来都应该探索将 LAMSTAR 和 CNN 的特征混合。由生物学启发的神经网络提供给我们简单计算架构的需求，结果表明这种方法优于其他方法。此外，神经网络能够将特定的新旧技术集成到其架构中。

重点要强调的是，CNN 被认为是对静态图像和视频进行二维和三维复杂认知和检索的最佳网络，因为目前还没有关于 LAMSTAR-2 在这类复杂问题上应用的信息，所以 LAMSTAR 的此类应用信息及其与 CNN 的比较是非常必要的。

作者参与了多种复杂问题的研究，例如肌电图数据预测癫痫发作或预测睡眠呼吸暂停事件，发现 CNN 或其他深度学习方法是很难应用的。这些问题涉及来自不同传感器的数据，这些传感器通常不能被使用(即使在相同的患者身上)，在同一患者身上的数据也不完整，但 LAMSTAR 能够进行预测，即使丢失了输入矩阵的非常完整的向量(特征)，并且也不需要有任何程序中断。因此，即使数据很少，并且需要使用数学预处理工具来提取信息，可以直接将从这些预处理器检索到的参数集成到 LAMSTAR 中，而它们与 CNN 的集成需要对其设置，并对结构做相当大的变化。

如前面提到的 DLNN 已经被证明可以做很多事情。它的应用范围很广泛，具有良好的性能；使用标准架构，无须专业程序员帮助；速度很快，适用于在线小型设备或个人笔记本电脑。简而言之，它已经在很多领域被有效应用，在未来会变得更加强大。

附录A 问 题

第 2 章

问题 2.1 解释为什么一个单层感知器不能解决逻辑 XOR 问题$[(X_1 \cup X_2) \cap (\neg X_1 \cup \neg X_2)]$，真值表如表 2.1 所示。

使用一个 $X_1 - X_2$ 图显示一条直线不能分隔 XOR 状态。

表 2.1 XOR 真值表

变量	输入		输出
	X_1	X_2	Z
A	0	0	0
B	0	1	1
C	1	0	1
D	1	1	0

问题 2.2 解释巴普洛夫的条件反射实验，可用神经元和 Hebbian 原理之间的关系来解释。

第 3 章

问题 3.1

① 解释为什么两层(包括一层隐藏层)的神经网络就足以解决 XOR 问题。

② 设计一个 BP 神经网络来解决 XNOR 问题(与表 2.1 中的真值表相同，但输出 Z 列中的 0 变为 1，1 变为 0)。

问题 3.2 用一个隐含层的简单 BP 原理图解释为什么 BP 网络不透明。

问题 3.3 设计 BP 神经网络识别 8×8 网格中的 3 个字符或字母，其中要识别的符号在网格的每个元素中以黑/白(1/0)输入。输入数据库应包含 6 组不同的 4 个符号。使用 3 组中的 4 个符号来训练网络，同时使用 2 个未经训练的拥有 4 个符号的组进行测试，达到不低于 90%的成功率时停止计算。要求显示完整代码并给出成功率、训练时间和测试时间。结果应根据所有 4 个符号制表，注意指出哪些是未经训练的符号。

问题 3.4 使用同样的符号重复问题 3.3，但在每个符号中随机放置 1 位噪声，并重新计算和存储成功率及计算时间。然后，随机放置2, 3, 4, …位噪声重新计算。对性能和计算时间与噪声位数进行比较，将输入到网格中的每位噪声元素由1到0表示其变化。

第5章

问题5.1 设计CNN识别8×8网格中的3个字符或字母，其中要识别的符号在网格的每个元素中以黑/白(1/0)输入。输入数据库包含6组不同的4个符号。使用3组中的4个符号来训练网络，同时使用2个未经训练的拥有4个符号的组进行测试，达到不低于90%的成功率时停止计算。要求显示完整代码并给出成功率、训练时间和测试时间；保留代码以进一步使用；结果应根据所有4个符号制表，注意指出哪些是未经训练的符号。

问题5.2 使用同样的符号重复问题5.1，但在每个符号中随机放置1位噪声，并重新计算和存储成功率与计算时间。随机放置2, 3, 4, …位噪声重新计算。对性能和计算时间与噪声位数进行比较，将输入到网格中的每位噪声元素由1到0表示其变化。

问题5.3 解释在CNN中进行参数共享时的注意事项。

问题5.4 医学上的许多问题涉及非平稳数据(时变参数)。例如，在疾病或紊乱的进化过程中有或没有治疗。非平稳性在金融市场和许多其他问题(天气的季节性影响等)中也占主导地位。解释在应用于非平稳问题时，数据的非平稳性(时变参数)如何影响CNN的性能和速度，并尽可能详细地写出原因。

问题5.5 解释Dropout的设计动机并举例。

问题5.6 为什么在许多与CNN相关的案例中常常显示CNN要比BP的计算速度要快得多，并分析其原因。

第6章

问题6.1 解释为什么LAMSTAR网络是透明的。这对LAMSTAR-1和LAMSTAR-2都成立吗?

问题6.2 解释LAMSTAR-2的设计动机，并与LAMSTAR-1比较。

问题6.3 LAMSTAR-1和LAMSTAR-2是否受局部极小值的影响，并写出原因。

问题6.4 设计LAMSTAR-1网络，识别8×8网格中的3个字符或字母，其中要识别的符号在网格的每个元素中以黑/白(1/0)输入。输入数据库应包含6组不同的4个符号。使用3组中的4个符号来训练网络，同时使用2个未经训练的拥有4个符号的组进行测试，达到不低于90%的成功率时停止计算。要求显示完整代码并给出成功率、训练时间和测试时间；保留代码以供进一步使用；结果应根据所有 4 个符号制表，注意指出哪些是未经训练的符号。

问题 6.5　使用同样的符号重复问题 3.3，但在每个符号中随机放置 1 位噪声，并重新计算存储成功率及计算时间。然后，随机放置 2, 3, 4, …位噪声，并重新计算。对性能和计算时间与噪声位数进行比较，将输入网格中的每位噪声元素由 1 到 0 表示其变化。

问题 6.6　用 LAMSTAR-2 回答问题 6.4。

问题 6.7　用 LAMSTAR-2 回答问题 6.5。

问题 6.8　解释 LAMSTAR-1 和 LAMSTAR-2 中遗忘的作用和需求。

问题 6.9　LAMSTAR 网络中的哪些元素对它的速度有贡献?

问题 6.10　LAMSTAR-1 和 LAMSTAR-2 能解决 XOR 问题吗？设计一个 LAMSTAR-1 网络，指出输入、SOM 输入层，它们的数量和内容，以及网络的输出层与神经元。

第 7 章

问题 7.1　解释反卷积网络如何设计处理离散小波变换。

问题 7.2　解释反卷积网络如何实现消除脸部图像中的噪声，并给出具体说明。

问题 7.3　是否可以使用 DBM 识别 8×8 网格中的 3 个字符或字母，其中要识别的符号在网格的每个元素中以黑/白(1/0) 输入，并给出具体说明。

附录B 介　　绍

附录编号与第 8 章各节编号是对应的。这些附录没有一个案例的完整代码。附录的目的是与第 8 章相应描述，帮助读者理解案例研究中描述的问题。20 个案例的完整代码对于一本书来说太长了。

根据上面提到的条件选择附录，读者可以了解如何将所需类型的数据整合到该研究的代码中。某些附录旨在帮助整合特定案例的预处理方法。在尝试重建案例时，应参考第 8 章给出的参考文献。

对于 DLNN 的特定应用，读者应尽可能尝试使用库代码，并将它们集成。选择预处理算法首先需要了解要解决的问题。同样，大多数预处理方法应该用于减少数据或添加未构建到神经网络中的知识。此外，用于分析给定问题的数学方法通常可在开放存取库程序中获得，如光谱和小波分析代码、熵分析、DNA 编码、市场分析等。

附录C 程 序

C.1 人类活动

第1部分(CNN)

Code_CNN.m

```
clear all:close all:clc;
load('activity_dataset.mat');


[tsR.tsC]=size(testdata);
[trR.trC]=size(traindata);


for i=1:tsR
   testdata(i,3:62)=normalizeData(testdata(i,3:62));
end
for i=1:trR
   traindata(i,3:62)=normalizeData(traindata(i,3:62));
end
testdata=double(reshape(testdata',8,8,tsR));
traindata=double(reshape(traindata',8,8,trR));
testlabel=double(testlabel');
trainlabel=double(trainlabel');


rand('state',0)
ttr=[];
for i=1:50
   cnn=[];
   cnn.layers={
   struct('type','i') %输入层
```

```
    struct('type','c''outputmaps',24,'kernelsize',5)%卷积层
    struct('type','s','scale',2)%子抽样层
    };
opts.numepochs=i;
opts.alpha=0.85;
opts.batchsize=30;


cnn=cnnsetup(cnn.traindata,trainlabel);
[%***]=cnntrain(cnn.traindata.trainlabel.opts);
disp(['Total training time:'num2str(ttr(i))]);


tic;
[er(i),correct(i),decision{i}]=cnntest(cnn,testdata,testla
bel);
tts=toc;
disp('-----------------');
end


save ttr ttr;
save er er;
save correct correct;
save decisition decision;
generateConfusionMatrix(decision{50'});
figure;plot(er(1:50),'LineWidth',2);
xlable('Number of epoch');
ylable('Bit error(%)');


figure;plot(ttr(1:50),'lineWidth',2);
xlable('Number of epoch');
ylable('Training time (sec)');
```

```
figure:plot(correct(1:50)/600*100,'LineWidth',2);
xlabel('Number of epoch');
ylable('Recognition rate (%) ');
```

第2部分(LAMSTAR-1)

```
Code_LAMSTAR.m %1
clear all;close all;clc;
Load('activity_dataset.mat');


for i=1:size(traindata,1)
   traindata(i,3:62)=normalizeData(traindata(i,3:62));
end
disp('Training data acquisition done...');
X_train=traindata';
[row,col]=size(X_train);
numSubWords=16;


nBit=8;
alpha=0.8;
tol=le-5;
thresh=0.9999;


flag=zeros(1.numSubWords);
disp('Forming Sub Words');
for i=1:size(X_train,2)
   tempX=reshape(X_train(:,i),nBit,nBit);
   for j=1:numSubWords
      if j<=nBit
      X_in{i}(j,:)=tempX(j,:);
      else
      X_in{i}(j,:)=tempX(:j-nBit);
```

```
   end
end


check(1,:)=zeros(1,nBit);
for k=1:numSubWords
for t=1:nbit
  if(X_in{i}(k,t)~=check(1,t))
X_norm{i}(k,:)=X_in{i}(k,:)/sqrt(sum(X_in{i}(k,:).^2));
else
   X_norm{i}(k,:)=zeros(1,nBit);
  end
 end
 end
end


   tic;
   %%%%%%%%%%%%%%%%%%%%%%%%%%%%%%%%%%%
   disp('Dynamic Building of neurons');
   %%%%%%%%%%%%%%%%%%%%%%%%%%%%%%%%%%%
   %第一个神经元的构建称为Kohonen层神经元
   %这是针对所有SOM模块的第一个输入模式中的所有子词
   i=1;
   ct=1;
   while(i<=numSubWords)
       cl=0;
       for t=1:nBit
           if(X_norm{ct}(i,t)==0)
             cl=cl+1;
           end
       end
       if(cl==nBit)
           Z{ct}(i)=0;
       elseif(flag(i)==0)
```

```
            W{i}(:,ct)=rand(nBit,1);
            flag(i)=ct;
            W_norm{i}(:,ct)=W{i}(:,ct)/sqrt(sum(W{i}(:,ct).^2));
            Z{ct}(i)=X_norm{ct}(i,:)*W_norm{i};
            while(Z{ct}(i)<=(1-tol))
            W_norm{i}(:,ct)=W_norm{i}(:,ct)+alpha*(X_norm
            {ct}(i,:)'-W_norm{i}(:,ct));
            Z{ct}(i)=X_norm{ct}(i,:)*W_norm{i}(:,ct);
            end
        end
        r(ct,i)=1;
        i=i+1;
    end


r(ct,:)=1;
    ct=ct+1;
    while(ct<=size(X_train,2))
        for i=1:nimSubWords
            cl=0;
            for t=1:nbit
             if(X_norm{ct}(i,t)==0)
             cl=cl+1;
            end
        end
        if(cl==nBit)
            Z{ct}(i)=0;
        else
            r(cl,i)=flag(i);
            r_new=0;
  for k=1:max(r(ct,i))
            Z{ct}(i)=X_norm{ct}(i,:)*W_norm{i}(:,k);
            if Z{ct}(i)>=thresh
                r_new=k;
                flag(i)=r_new;
```

```
            r(ct,i)=flag(i);
            break;
         end
      end
      if(r_new==0)
         flag(i)=flag(i)+1;
         r(ct,i)=flag(i);
         W{i}(:,r(ct,i))=rand(nBit,1);
         %flag(i)=r
         W_norm{i}(:,r(ct,i))=W{i}(:,r(ct,i))/sqrt
        (sum(W{i}(:,r(ct,i)).^2));
         Z{ct}(i)=X_norm{ct}(i,:)*W_norm{i}(:,r(ct,i));


      while(Z{ct}(i)<=(1-tol))
            W_norm{i}(:,r(ct,i))=W_norm{i}(:,r(ct,i))+
            alpha*(X_norm{ct}(i,:))'
            -W_norm(i)(:,r(ct,i));
            Z{ct}(i)=X_norm{ct}(i,:)*W_norm{i}(:,r(ct,i));
         end
      end
end
   end
   ct=ct+1;
   end


   %%%%%%%%%%%%%%%%%%%%%%%%%%%%%%%%%%%%%%%%%%
   %连接权值
   %%%%%%%%%%%%%%%%%%%%%%%%%%%%%%%%%%%%%%%%%%\
   outNum=size(trainlabel,2);
   ct=1;
   m_r=max(r);
   for i=1:numSubWords
      L_w{i}=zeros(m_r(i).outNum);
```

```
    end


    ct=1;
    disp('Link weight and output calculations');
    Z_out=zeros(size(X_train.2).outNum);
    while(ct<=size(X_train.2))
        L=zeros(size(X_train.2).outNum;
        for i=L:numSubWords
            count=size(find(r(:,i))==r(ct,i),1);
if(r(ct,i)==0)
 for j=1:outNum
if(trainlabel(ct,j)==0)
   %L_w{i}(r(ct,i),j)=L_w{i}(r(ct,i),j)-5
             L_w{i}(r(ct,i),j)=L_w{i}(r(ct,i),j)-5
              else
%L_w{i}(r(ct,i),j)=L_w{i}(r(ct,i),j)+5
              L_w{i}(r(ct,i),j)=L_w{i}(r(ct,i),j)+5
                     end
                 end
%L(i,:)=L_w{i}(r(ct,i),:);
                 L(i,:)=L_w{i}(r(ct,i),:)/count
            end
        end
        Z_out(ct,:)=sum(L);
        ct=ct+1;
    end
    toc;
    saveW_norm W_norm
    save L_w L_w
    LAMSTAR_test


generateConfusionMatrix.m/%2
function generateConfusionMatrix(predicted)
```

```
classes=[1 0 0 0 0 0;
   0 1 0 0 0 0;
   0 0 1 0 0 0;
   0 0 0 1 0 0;
   0 0 0 0 1 0;
   0 0 0 0 0 1];
fprintf('--------------------------------------------------
------------\n');
fprintf('|    |Predicted Class                              |\n');
fprintf('+-----------+--------+---------+-------+-----
----+----------+------------+\n');
fprintf (' |Actual Class |Class1 |Class2 |Class3 |Class4
|Class5 |Class6 |Other |\n');
fprintf('+-----------+--------+---------+-------+-----
----+----------+------------+\n');


for i=1:6
   class 1=0;
   class 2=0;
   class 3=0;
   class 4=0;
   class 5=0;
   class 6=0;
   other=0;
   for j=1:100
      if(predicted((i-1)*100+j,:)==classes(1,:))
         class1=class1+1;
      if(predicted((i-1)*100+j,:)==classes(2,:))
         class2=class2+1;
      if(predicted((i-1)*100+j,:)==classes(3,:))
         class3=class3+1;
      if(predicted((i-1)*100+j,:)==classes(4,:))
         class4=class4+1;
      if(predicted((i-1)*100+j,:)==classes(5,:))
```

```
        class5=class5+1;
    if(predicted((i-1)*100+j,:)==classes(6,:))
        class6=class6+1;
    else
        other=other+1;
    end
    end


fprintf('Class%d\t\t|%d\t\t|%d\t\t|%d\t\t|%d\t\t|%d\t\t|%d
\t\t|%d\t\t|n',i,class1,class2,class3,class4,class5,class6
,other);
fprintf('+------------+---------+----------+--------+-----
----+----------+------------+\n');
    end
    end


LAMSTAR_test.m /%3
%%LAMSTAR_test.m
clear all;
load W_norm
load L_w
load('activity_dataset.mat');
nBit=8;


for i=1:size(testdata.1)
    testdata(i,3:62)=normalizeData(testdata(1,3:62));
end
X_test=testdata';
[row,col]=size(X_test);
numSubWords=16;
%获取12个子词
correct=0;
```

```
wrong=0;
errper=0;
for i=1:size(X_test,2)
 tempX=reshape(X_test(:,i),nBit,nBit);
 for j=1:numSubWords
  if j<=nBit
    X_in{i}(j,:)=tempX(j,:);
else
    X_in{i}(j,:)=tempX(:j-nBit)';
end
end


check(1,:)=zeros(1,nBit);
for k=1:numSubWords
    for 1:nBit
        if(X_in{i}(k,t)~=check(1,t))
            X_norm{i}(k,:)=X_in{i}(k,:)/sqrt(sum(X_in{i}(k,:).^2));
        else
            X_norm{i}(k,:)=zeros(1,nBit);
        end
    end
end


for k=1:numSubWords-1
    if isempty(W_norm{k}),
    Z_out(k,:)=[0 0 0 0 0 0];
    else
        Z=X_norm{i}(k,:)*W_norm{k};
        index(k)=find((Z==max(Z)),1);
        L(k,:)=L_w{k}(index(k),:);
        Z_out(k,:)=L(k,:)*Z(index(k));
    end
end
```

```
final_Z(i,:)=sum(Z_out);
sgm=Sigmoid(final_Z(1,:));
decision(i,:)=sgm>=max(sgm);
err=xor(decision(i,:),testlabe(i,:));
errPer=errPer+sum(err)/size(err,2);
if(decision(i,:)==testlabel(i,:))
    out='Correct';
    correct=correct+1;
else
  out='wrong';
  wrong=wong+1
end
    disp(['TestPattern:'num2str(i)'output:'num2str
    (decision(i,:))'i'out]);
    if rem(i,100)==0
        disp('----------------------------------------');
    end
end
disp(['Correct:'num2str(correct)]);
disp(['Wrong:'num2str(wrong)]);
disp(['Bit
Error(%):'num2str(errPer/size(X_test.2)*100')%']);
    generateConfusiosMatrix(decision);
```

C.2 癫痫发作的预测

```
def cnn_preprocesss(input,detect,predict):


    length=int(len(input/23.6))
    dimension=224
    padding=int((dimension-length)/2)
    result=[]
    scaling=()
    if detect is True:
```

```
    scaling=1000
    if predict is True:
        scaling=300;


while len(input)>=length:
    empty_array=create_empty_array(dimension)


    prev=-1
    for index in range(0,length):


        zero_axis=int(dimension/2)
        scale=int(scaling/zero_axis)


        if input[index]>=0:
            row=index+padding
            col=int(input[index]/scale+zero_axis)
            if col>=dimension:
                col=dimension-1
                if index!=0:
                if col<prev:
                    for i in range(col+1,prev):
                        empty_array[row][i]=i
                            prev=col
                if col>prev:
                    for i in range(col-1.prev,-1):
                        empty_array[row][i]=i
                    prev=col
                    else:
                        prev=col
                        empty_array[row][col]=col
        elif input[index]<0:
```

```
            row=index+padding
            scaled=in(input[index]scaled)
            if (zero_axis+scaled)<0:
                col=0;
            else:
                col=zero_axis+scaled


            if col>=dimension:
                col=dimension-1

            if index !=0:
                if col<prev:
                    for i in range(col+1,prev):
                        empty_array[row][i]=i
                    prev=col
                if col>prev:
                    for i in range(col-1, prev,-1):
                        empty_array[row][i]=i
                    prev=col
            else:
                prev=col
                empty_array[row][col]=col
        result.append(empty_array)
    input=input[lengh:]
return result


def get_variable(filename):
    new_name=filename[6:-4]
    while True:
        lengh=len(new_name)-3
        if new_name[length]=='0':
            new_name=new_name[:lengh]+new_name[lengh+1:]
        else:
```

```
        break
    while True:
        lengh=len(new_name)-2
        if new_name[length]=='0':
            new_name=new_name[:lengh]+new_name[lengh+1:]
        else:
            break
    return new_name

def load_cnn_dataset(detect,predict):
    training='/Users/PycharmProjects/untitled/
    cnn_training_set/'
    validation='/Users/PycharmProjects/untitled/
    cnn_validation_set/'
    testing='/Users/PycharmProjects/untitled/
    cnn_testing_set/'

    training_prediction_i='/Users/PycharmProjects/untitled
    /training_prediction_intericatal/'
    training_prediction_p='/Users/PycharmProjects/untitled
    /training_prediction_preictal/'
    validation_prediction_i='/Users/PycharmProjects/
    untitled/validation_prediction_intericatal/'
    validation_prediction_p='/Users/PycharmProjects/
    untitled/validation_prediction_preictal/'
    testing_prediction_i='/Users/PycharmProjects/untitled
    /testing_prediction_intericatal/'
    testing_prediction_p='/Users/PycharmProjects/untitled
    /testing_prediction_preictal/'

    training_data=[]
    validation_data=[]
    testing_data=[]

    if predict is True:
```

```
for filename in os.listdir(training_prediction_i):
    if filename.endswith('.mat'):
        f_path=training_prediction_i+filename
        mat=scipy io loadmat(f_path)
        variable=get_variable(filename)
        eeg=mat[variable][0][0][0][0]
        processed_data=cnn_preprocess(eeg[0:4096]
        ,detect,predict)
        for index in range(0,len(processed_data)):
            training_data.append(processed_data[index])

for filename in os.listdir(training_prediction_p):
    if filename.endswith('.mat'):
        f_path=training_prediction_p+filename
        mat=scipy.io.loadmat(f_path)
        variable=get_variable(filename)
        eeg=mat[variable][0][0][0][0]
        processed_data=cnn_preprocess(eeg[0:4096]
        ,detect,predict)
        for index in range(0,len(processed_data)):
            training_data.append(processed_data[index])

for filename in os.listdir(training_prediction_i):
    if filename.endswith('.mat'):
        f_path=training_prediction_i+filename
        mat=scipy.io.loadmat(f_path)
        variable=get_variable(filename)
        eeg=mat[variable][0][0][0][0]
        processed_data=cnn_preprocess(eeg[0:4096]
        ,detect, predict)
        for index in range(0,len(processed_data)):
        validation_data.append(processed_data[index])

for filename in os.listdir(training_prediction_p):
    if filename.endswith('.mat'):
```

```
            f_path=training_prediction_p+filename
            mat=scipy.io.loadmat(f_path)
            variable=get_variable(filename)
            eeg=mat[variable][0][0][0][0]
            processed_data=cnn_preprocess(eeg[0:4096]
            ,detect,predict)
            for index in range(0,len(processed_data)):
             validation_data.append(processed_data[index])

    for filename in os.listdir(training_prediction_i):
        if filename.endswith('.mat'):
            f_path=training_prediction_i+filename
            mat=scipy.io.loadmat(f_path)
            variable=get_variable(filename)
            eeg=mat[variable][0][0][0][0]
            processed_data=cnn_preprocess(eeg[0:4096]
            ,detect,predict)
            for index in range(0,len(processed_data)):
              testing_data.append(processed_data[index])

    for filename in os.listdir(training_prediction_i):
        if filename.endswith('.mat'):
            f_path=training_prediction_i+filename
            mat=scipy.io.loadmat(f_path)
            variable=get_variable(filename)
            eeg=mat[variable][0][0][0][0]
            processed_data=cnn_preprocess(eeg[0:4096]
            ,detect,predict)
            for index in range(0,len(processed_data)):
              testing_data.append(processed_data[index])

if detect is True:
    for filename in os.listdir(training):
        if filename.endswith('.txt'):
            f_path=validation+filename
```

```
            text_file=open(f_path,"r")
            lines=text_file.readlines()
            results=map(int,lines)
            text_file.close()
    processed_data=cnn_preprocess(result,detect,predict)
    for index in range(0,len(processed_data)):
        validation_data.append(processed_data[index])


    for filename in os.listdir(validation):
        if filename.endswith('.txt'):
            f_path=validation+filename
            text_file=open(f_path,"r")
            lines=text_file.readlines()
            results=map(int,lines)
            text_file.close()
    processed_data=cnn_preprocess(result,detect,predict)
    for index in range(0,len(processed_data)):
        validation_data.append(processed_data[index])


    for filename in os.listdir(testing):
        if filename.endswith('.txt'):
            f_path=validation+filename
            text_file=open(f_path,"r")
            lines=text_file.readlines()
            results=map(int,lines)
            text_file.close()
    processed_data=cnn_preprocess(result,detect,predict)
    for index in range(0,len(processed_data)):
        validation_data.append(processed_data[index])


y_train=[1]*(23*2)
y_train+=[0]*(23*2)
```

```
y_val=[1]*(23*2)
y_val+=[0]*(23*2)
y_test=[1]*(23*2)
y_test+=[0]*(23*2)


X_train=np.array(training_data)
X_val=np.array(validation_data)
X_test=np.array(testing_data)


y_val=np.array(y_val)
y_train=np.array(y_train)
y_test=np.array(y_test)


y_train=y_train.astype(np.uint8)
y_test=y_test.astype(np.uint8)
y_val=y_val.astype(np.uint8)


X_train=X_train.reshape(-1,1,224,224)
X_val=X_val.reshape(-1,1,224,224)
X_test=X_test.reshape(-1,1,224,224)


X_train=X_train/np.float(224)
X_val=X_val/np.float(224)
X_test=X_test/np.float(224)


return X_train,y_train,X_val,y_val,X_test,y_test
```

```
def convolutional_neural_network(num_epochs,detect,predit):

    X_train,y_train,X_val,y_val,X_test,y_test
    =load_cnn_dataset(detect,predict)
    input_var=T.tensor4('inputs')
    target_var=T_ivector('targets')
    network=build_cnn(input_var)

    prediction=lasagne.layers.get_output(network)
    loss=lasagne.objectives,categorical_crossentropy
    (predition, target_var)
    loss=loss.mean()

    params=lasagne.layers.get_all_params(network,trainable
    =True)updates=lasange.updates.nesterov_momentum(loss,
    params,learning_rate=0.01,momentum=0.9)

    test_prediction=lasagne.layers.get_output(network,
    deterministic=True)
    test_loss=lasange.objectives,categorical_crossentropy
    (test_prediction,target_var)
    test_loss=test_loss.mean()
    test_acc=T.mean(T.eq(T.argmax(test_prediction.axis=1),
    target_var),
    dtype=theano.config.floatX)
    train_fn=theano.function([input_var,target_var].loss,
    updates=updates)
    val_fn=theano.function([input_var,target_var].[test_
    loss.test_acc])
```

```
batches=4


print("Starting training...")
#重复次数超过四次


for epoch in range (num_epochs):
    #对每一个时间点上的数据做训练检查
    train_err=0
    train_batches=0
    start_time=time.time()
    for batch in iterate_minibatches
    (X_train,y_train,batchs,shullfe=True):
        inputs.targets=batch
        train_err+=train_fn(inputs,targets)
        train_batches+=11
        print("Training took{:.3f}s".format(time.time()
        -start_time))

print("Testing...")
batch_num=0
 test_err=0
 test_acc=0
 test_batches=0
 test_time=time.time()
 for batch in iterate_minibatches(X_test,y_test,batches,
 shullfe=False):
    batch_num+=1
    print(batch_num)
    inputs,targets=batch
    err,acc=val_fn(inputs,targets)
    test_err+=err
    test_acc+=acc
    test_batches+=1
```

```
    print("Final results:")
    print("test loss:\t\t\t{:.6f".format(test_err/test_
    batches))
    print("testaccuracy:\t\t{:.2f}%:".format(test_acc/
    test_batches*100))
    print("Testing took{:.3f}s".format(time.time()
    -test_time))


def mam(model='mlp',num_epochs=10):
    if model=='cun':
        convolutional_eural_network(num_epochs,True,False)
    elseif model=='lamstar':
        lamstar(False,True,False)


def iterate minibatches(inputs,targets,batchsize,shuffle=
False):
    assert len(inputs)==len(targets)
    if shuffle:
        indices=np.arange(len(inputs))
        np.random.shuffle(indices)
    for start idx in range(0, len(inputs)-batchsize+1,
    batchsize):
        if shuffle:
            excerpt=indices[start_jdx:start_idx+batchsize]
        else:
            excerpt=slice(start_jdx, start_idx+batchsize)
    yield inputs[excerpt],targets[excerpt]

def build_crm(mput_yar=None):
    network=lasagne_layers_InputLayer(shape=(None,1,224,
    224),input_var_input_var)
    network=lasagne_layers_Conv2DLaver(network.num_filters
    =96,filter_size=(7,7),stride=2)
```

```
    network=lasagne_layers_MaxPool2DLayer(network,
    pool_size=(3,3),stride=3,ignore_border=False)
    network=lasagne_layers.DenseLayer(network,num_units=2,
    nonlinearity=lasange.nonlinearities.softmax)
    return network


if _name_=='_main_':
    kwargs={}
    if len(sys.argv)>1:
        kwargs['model']=sys.argv[1]
    if len(sys.argv)>2:
        kwargs['num_epochs']=int(sys.argv[2])
    main(**kwargs)
```

C.3 癌症检测

第1部分(CNN)

```
%using CNN;
close all;clear;
%cd(fileparts(mfilename('fullpath')));
%funtype='gpu';
%funtype='cpu';
funtype='matlab';


disp(funtype);


if(strcmp(funtype.'gpu')||strcmp(funtype.'cpu'))
    kMexFolder='./C++/build';
    kBuilderFolder=fullfile(kMexFolder.funtype);
    if(ispc)
        mexfiles=fullfile(kBuilderFolder.'*.mexw64');
    elseif(isunix)
```

```
        mexfiles=fillfiles(kBuildFolder.'*mexa64');
    end
    copyfile(mexfiles,kMexFolder,'f');
    addpath(kMexFolder);
    end
    addpath('./matlab');
    addpath('./data');
    %load d;


    load data;


    kWorkspaceFolder='/workspace';
    if(~exist(kWorkspaceFolder,'dir'))
        mkdir(kWorkspaceFolder);
end


    kTrainNum=166;
    % kTrainNum=12800;
    % kTrainNum=2000;
    kOutputs=2;%size(TrainY,2);
    for i=1:kTrainNum
        train_x(:,:,i)=single(reshape(X_in(:,i),10,10));
        train_y(i,:)=single(t(:,i))';
    end


    kSampleDim=ndims(train_x);
    kXSize=size(train_x);
    kXSize(kSampleDim)=[];
    if(kSampleDim==3)
        kXSize(3)=1;
    end
```

```
    kTestNum=50;
    %test_x=single(reshape(X_in(:,1:kTestNum),10,10));
    %test_y=single(t(:,1:kTestNum));


    kOutputs=2;%size(Train,2);
    for i=1:kTestNum
        test_x(:,:,i)=single(reshape(X_in(:,166+i),10,10));
        test_y(i,:)=single(t(:,166+i));
    end


chear params;
params.epochs=1;
params.alpha=0.1;
  %这是不变反向传播的参数
  %为标准反向传播保持0
params.beta=0;
params.momentum=0.9;
params.lossfun='logreg';
params.shuffle=1;
params.seed=0;
dropout=0;
%norm_x=squeeze(mean(sqrt(sum(sum(train_x.^2))),kSampleDim));


%!!!IMPPORTANT NOTICES FOR GPU VERSION!!!
% Outputmaps number should be divisible on 16
% For speed use only the default value of batchsize=128
% This structure gives pretty good results on MNIST after just
% several epochs
```

```
layers={
      struct('type','i','mapsize',kXSize(1:2),'outputmaps',
      kXSize(3))
 %在MATLAB版本中没有实现删除下面的层
 %struct('type','j','mapsize',[28 28],'shilf',[1 1],.....
 %'scale',[1,40 1.40],'angle',0.10,'defval',0)
struct('type','c''filtersize',[3 3],'outputmaps',16)
struct('type','s','scale',[2 2],'function','max','stride',[2 2])
 %struct('type','c''filtersize',[5 5],'outputmaps',64,
 %'padding',[2 2])
 %struct('type','s','scale',[3 3],'function','max',
 %'stride',[2 2])
   struct('type','f','length',256,'dropout',dropout)
    struct('type','f','length',kOutputs,'function','soft')
       };


 weights=single(genweights(layers,param,funtype));
 EpochNum=50;
 errors=zeros(EpochNum,1);
  time1=0;
  time2=0;
  for i=1:EpochNum
    disp(['Epoch:' num2str((i-1)*params.epochs+1)])
    [weights,trainerr,t1]=cnntrain(layers,weights,params
    ,train_s,train_y,funtype);
    time1=time1+t1;
    disp([num2str(mean(trainerr(:,1))) 'loss']);
    [err,bad,pred,t2]=cnntest(layers,weights,params,test_s,
    test_y,funtype);
    time2=time2+t2;
    disp([num2str(err*100)'%error']);
     errors(i)=err;
     params.alpha=params.alpha*0.95;
     params.beta=params.beta*0.95;
```

```
    end;
plot(errors);
disp('Done! ');
```

第2部分(LAMSTAR-1)

```
%%LAMSTAT_main.m
%File for setting up LAMSTAR Network
tic;
%clear all.clc
%tic
load'OvarianCancerQAQCdataset.mat';


ind=rankfaeatures(Y.grp,'CRITERION','ttest','NUMBER',100)
x=Y(ind,:);
t=double(strcmp('Cancer',grp));
t=[t:t-1]
[x,t]=ovarian_dataset;


X_in=x;
[row.col]=size(X_in);
numSubWords=100;


numTraining=156;
val=randperm(216);
train=val(1:166);
test=val(167:216);


%load data.mat
X_norm=normalizeData(X_in);
%X_norm=X_train;
```

```
%for j=1:216
%count=i;
%for i=1:10:100;
%data(count.count)=sum(X_norm(i:i+9,j).^2);
%count=count+1;
%end
%end


%形成关键字
%X_train is list of sub-words for the 216 datasets
for i=1:size(train,2)
   for j=1:numSubWords
      X_train(i,j)=X_norm(j,train(i));
   end
end


%形成关键字
%X_test is list of sub-words for the 216 datasets
for i=1:size(test,2)
   for j=1:numSubWords
      X_train(i,j)=X_norm(j,test(i));
   end
end


index=1;
%for iter=10:10:200
%tic;
%Creating SOM Modules for respective subwords
for i=1:numSubWords
   [~,edges]=histcounts(X_train(:,i),100);
```

```
    range=[-Inf edges Inf];
    [N.edges]=histcounts(X_train(:.i),range);
    SOM{i}.Neuron=size(N,2);
    SOM{i}.Range=edges;
    SOM{i}.Number=N;
    SOM{i}.Weight[];
end;
```

C.4图像处理

第1部分(CNN)

```
%深度预测
%JOHN CALEB SOMASUNDARAM
%UIN:652266896
%MS-ECE
clc
clear
tic
d=dir('C:\user\Sulochana\Documents\MATLAB\KinectColor');
d=d(3:end);
for i=1:size(d,1)
    temp=inread(d(i).name);
    im(i)name=temp;
end
im=im'
de=dir('C:\user\Sulochana\Documents\MATLAB\Res\gisteredDep
thData');
de=de(3:end);
k=1
for i=1:2:size(de,1)
    temp=inread(d(i).name);
    label=1:16;
    tempD=(imquantize(temp./1000,label));
    dep(k).name=tempD;
    k=k+1;
```

```
end
%以超像素方式在质心周围修补图像
for i=1:size(d,1)
   [slicimg(i).name,Am,Sp,d]=slic((im(i).name),400,25,1);
   stats=regionprops(slicimg(i).name,Centroid);
   centorids(i).name=cat(1,stats,Centroid);
   padimg(i).name=padarray(slicimg(i).name,[122 122],'both');
   centroidsl(i).name=centroidsl(i).name+122;
   for j=1:size(centroidsl(i).name,1)
       startPint32(centroidsl(i).name(1,:)-122);
       endP=starP+223;
      patch(i).name(j).index=padimg(1).name(startP(1).
      endP(1),startP(2):endP(2));
   end
end


%得到质心处的深度平均值
for i=1:size(d,1)
paddepimg(i).name=padarray(dep(i).name,[122 122],'both');
for j=1:size(centroids1.name,1)
   startP=int32(centroids1(i).name(j,:)-122);
   endP=startP+223;
   endP=min(724.endP,P);
   patchdep(i).name(j).index=mean(mean(paddepimg(i).name
   (startP(1):endP(1),
startP2:endP(2))));
  end
end


%训练和测试数据库
while i<=849
   tempp=[];
   foer j=1:139
```

```
    tempest=patch(i).name(j).index;
    tempp=[tempp:tempest];
end
%训练和测试
while i<=849
    tempp=[];
    for j=1:139
    tempest=patch(i).name(j).index;
    tempp=[tempp:tempest];
end
new=reshape(tempp,224,224,(i*399));
new=permute(new,[2 1 3]);
i=i+1;
end
traindata=new(:,:,(1:319200));
testdata=new(:,:,319200:338751);
quantte=[];
for i=1:1
    for j=1:399
      quantt=patchdep(i).name(j).index;
      quantte=[quantte,quantt];
   end
  end
trainlabel=quantte(1:319:220);
testlabel=quantte(319,220:338:751);
Feature Extraction
for i=1:size(d,1)
  [map(i).name]=laws(im(i).name,3);
end
hormask=[1,2,1:0,0,0:-1,-2,-1];
vertmask=[1,0,-1:2,0,-2:1,0,-1];
for i=1:size(d,i)
    for k=1:6
        theta=30*(k);
        norm=(theta/180)*pi;
```

```
        convoima(i).name=hormask*cos(norm)+vertmask*sin(norm);
        output(i).name{k}=rgb2gray(convn(in(i).name.
        convoima(i).name.'same'));
    end
end
for i=1:size(d,i)
    feat(i).name=[map(i).name.output(i).name];
end


%%CNN的一元分支
close all;
clear mex;
cd(fileparts(mfilename('fullpath')));
%funtype='gpu'
%funtype='cpu'
funtype='matlab';
% disp(funtype);


第1部分(LAMSTAR-1)
%%LAMSTAR UNARY BRANCH
%%LAMSTAR.main.m
%建立LAMSTAR的文件
clear all;clc
tic;
load Depth_data.mat
numSubWords=22;%22
X_train=traindata;
flag=zeros(1,numSubWords);
%关键字
for i=1:size(X_train,3)
  tempX=reshape(X_train(:,:,i),11,11);
  for j=1:numSubWords
    if j<=11
```

```
      X_in{i}(j,:)=tempX(j,:);
    else
      X_in{i}(j,:)=tempX(:,j-11);
      end
    end
end
%正常的输入
check(1,:)=zeros(1,11);
for i=1:size(X_train,3)
  for j=1:numSubWords
    if(sum(X_in{i}(j,:))==sum(check(1,:)))
          X_norm{i}(j,:)=X_in{i}(j,:)./sqrt(sum(X_in{i}(j,
          :).^2));
      else
          X_norm{i}(j,:)=zeros(1,11);
      end
    end
end
%神经元的动态建立
%%%%%%%%%%%%%%%%%%%%%%%%%%%%%%%%%%%%%%%
%第一个神经元的构建称为Kohonen层神经元
%这是针对所有SOM模块的第一个输入模式中的所有子词


i=1;
ct=1;
while(i<=numSubWords)
    cl=0;
    for t=1:11
     if(X_norm{ct}(i,t)==0)
     cl=cl+1;
     end
    end
    if(cl==11)
      Z{ct}(i)=0;
```

```
    elseif(flag(i)==0)
       W{i}(:,ct)=rand(11,1);
        flag(i)=ct;
        W_norm{i}(:,ct)=W{i}(:,ct)/sqrt(sum(W{i}(:,ct).^2));
        Z{ct}(i)=X_norm{ct}(i,:)*W_norm{i};
        alpha=0.8;
        tol=1e-5;
        while(Z{ct}(i)<=(1-tol))
W_norm{i}(:,ct)=W_norm{i}(:,ct)+alpha*(X_norm{ct}(i,:)'-W_
norm{i}(:,ct));
            Z{ct}(i)=X_norm{ct}(i,:)*W_norm{i}(:,ct);
        end
    end
    r(ct,i)=1;
    i=i+1;
end


%参数为0.9:0.05:0.9
ct=1;
r(ct,:)=1;
ct=ct+1;
while(ct<=size(X_train,3)) %输入训练数据的大小
    for i=1:numSubWords
      cl=0;
      for t=1:11
        if(X_norm{ct}(i,t)==0)
 cl=cl+1;
        end
       end
        if(cl==11)
          Z{ct}(i)=0;
        else
          r(ct,i)=flag(i);
          r_new=0;
```

```
        for k=1:max(r(ct,i))
         Z{ct}(i)=X_norm{ct}(i,:)*W_norm{i}(:,k);
         if Z{ct}(i)>=0.9999
            r_new=k;
            flag(i)=r_new;
            r(ct,i)=flag(i);
            break;
             end
         end
         if(r_new==0)
flag(i)=flag(i)+1
           r(ct,i)=flag(i);
           W{i}(:,r(ct,i))=rand(11,1);
           %flag(i)=r
           W_norm{i}(:,r(ct,i)=W{i}(:,r(ct,i))/sqrt(sum(W{i}
           (:,r(ct,i)).^2));
           Z{ct}(i)=X_norm{ct}(i,:)*W_norm{i}(:,r(ct,i));
           alpha=0.8;
           tol=le-5;
           while(Z{ct}(i)<=(1-tol))
        W_norm{i}(:,r(ct,i))=W_norm{i}(:,r(ct,i))+alpha*
        (X_norm{ct}(i,:)');
           Z{ct}(i)=X_norm{ct}(i,:)*W_norm{i}(:,r(ct,i));
end
end%%%结束
          %r_new
          %disp('flag')
          %flag(i)
       end
   end
   ct=cl+1;
end
save W_norm
%-----------------------------------
%为每个输入数据形成18个元素向量'd'
```

```
for i=1:72000
    tempVec=zeros(1,18)
    temp_depth=celi(trainlabe(i));
    tempVec(temp_depth)=1;
    d(1,:)=tempVec;
end


%%%%%%%%%%%%%%%%%%%%%%%%%%%%%
%Link Weights
%%%%%%%%%%%%%%%%%%%%%%%%%%%%%%
%ct=1
m_r=max(r);
%在SOM层x2中神经元数目最大数
for i=1:numSubwords
 L_w{i}=zero(m_r(i),18);
end
```

C.5 场景分析

```
#预处理
import cv2
import glob from import path
import os
import errno
#没有分层存储
#调整输入图像的大小并将其保存到用户定义的路径
#当src文件夹只有.jpg文件而没有其他文件层次结构时，可以使用这个
#将调整大小以后的图像转储到一个目标文件夹


def imgResizeWithOutHier(srcPath, destPath, reSampleSize):
    #循环变量
    loopVar=0
    #找到并选择所有的图像，调整大小，并把它们写到目的地
```

```
for imgs in glob.glob(srcPath+'*/jpg'):
    filePath,ext=path.split(imgs)
    image=cv2.imread(imgs)
    image=cv2.resize(image,reSampleSize)
    cv2.imwrite(destPath+ext,image)
    print('Writing Image:%i'%loopVar)
    loopVar+=1


#现在为这个问题硬编码(为此列层级编码)
#使用分层存储(没有递归复制)
#调整输入图像的大小并将其保存到用户定义的路径
#当src文件夹具有存储.jpg文件的自定义层次结构时，使用此选项
#将使用源文件层次结构转储调整大小的映像
#所有调整大小的图像将被一起转存到源文件层
def imgResizeWithHier(srcRootPath,destRootPath,reSampleSize):


    #循环计数器
    loopVar=0
    loopWrite=0


    #遍历目录树并在目标目录中写入具有层次结构的调整大小的图像
    for dirName, subdirList, fileList in os.walkfsrcRootPath):
        for fname in fileList:


    #来源路径
    imgDir=dirName
    imgExt=fname
    imgPath=imgDir+'/'+imgExt


    #将srcrootPath文件夹与完整路径分开
```

```
    destHier=imgDir.split(srcRoatPath)
    destDir=destRootPath+str(destHier[1])+'/'
    destPath=destDir+imgExt
    print(destPath)

    #如果目录不存在，请创建它;如果需要，请删除静态条件
    checkDir=os.path.dirname(destDir)
    if not os.path.exists(checkDir):
       try:
          os.makedirs(checkDir)
       except OSError as exception:
          if exception.ermo!=ermo.EEXIST:
               raise

    #阅读图片并调整大小
    img=cv2.imread(imgPath)
    reSize=(64,64)
    img=cv2.resize(img,reSize)
    cv2.imwrite(destPath,img)


Main()
from dataParser import getData
from datetime import datetime
from dataParser import kerasDataFormat
from utilityModule import writeToPickle
from utilityModule import writeToFile
from utilityModule import recordTime
from cnnNetwork import cnnClassifier
def main():
    #开始加载数据、创建一文件夹并将输出写入文件
    dataLoadStartTime=datetime.now()
```

```
#加载训练数据(具有适当的数据结构)并写入txt文件和pickle文件
trainData=getData('train')
trnPklFile='/home/koundinya/Koundi/UIC/Projects/
DeepLeaming/MmiPlaces-Theano/Output Folder/
trainDataPickleFile.plk'
trnTxtFile='/home/koundinya/Koundi/UIC/Projects/
DeepLeaming/MmiPlaces-Theano/Output Folder/
trainDataPickleFile.txt'
writeToFile(trainData,trnTxtFile)
writeToPickle(trainData,trnPklFile)
print('WritingFinished!')


#加载验证数据(具有适当的数据结构)并写入文件
valData=getData('val')
valPklFile='/home/koundinya/Koundi/UlC/Projects/
DeepLeaning/MimPlaces-Theano/Output Folder/
valdDataPickleFile.plk'
valTxtFile='/home/koundinya/Koundi/UlC/Projects/
DeepLeaning/MimPlaces-Theano/Output Folder/
valdDataPickleFile.txt'
writeToFile(valData,valTxtFile)
writeToPickle(valData,valPklFile)
print('Writing Finished!')


#加载验证数据(具有适当的数据结构)并写入文件
testData=getData('test')
testPKFile='/home/koundinya/Koundi/UIC/Projects/
DeepLearnng/MintPlaces-Theano/Output Folder/
testDataPicklefile.plk'
testTxtFile='/home/koundinya/Koundi/UIC/Projects/
DeepLearnng/MintPlaces-Theano/Output Folder/
testDataPicklefile.txt'
```

```
        writeToFile(testData,testTxtFile)
        writeToPickle(testData,testPKlFile)
        print('Writing Finished!')


        #格式化/形成Keras库的数据
        trnKerasFormat=kerasDataFormat(trainData,'train')
        valKerasFormat=kerasDataFormat(valData,'val')
        X_train=trnKerasFormat[0]
        Y_train=trnKerasFormat[1]
        X_val=valKerasFormat[0]
        Y_val=valKerasFormat[1]


    #加载数据、创建容器和输出写入文件的结束时间
  if __name__=='__main__':
    main()


#Data Parser数据解析
from utilityModule import writeToFile
import glob
import cv2
import numpy
from utilityModule import fileLength
from SceneRecognition.utilityModule import encode
#训练文件路径和长度
trnlpFile='/home/koundinya/Koundi/UIC/Projects/DeepLeaming
/MiniPlaces-Theano/Data/development_kit/data/train.txt'
trnlmgFolder='/home/koundinya/Koundi/UIC/Projects/DeepLeam
ing/MiniPlaces-Theano/Data/Data/images/train'
trainLen=fileLength(trnlpFile)


  #验证文件路径和长度
```

```
vallpFile='Zhom
e/koundinya/Koundi/UlC/Projects/DeepLectrning/MiniPlaces-T
heam/Data/development_kit/data/val.txt'
vallmgForder='Zhom
e/koundinya/Koundi/UlC/Projects/DeepLectrning/MiniPlaces-T
heano/Data/Data/images/val'
valLength=fileLength(vallpFile)


  #输入文件
datafileName=fname
dataFile=open(datafileName)
  #查找文件的长度
length=len(dataFile)


  #空的字典
data={}
  #仔细阅读所收集图像，对于序列中的i在字典中进行分类标签
  ipDataByLine=datafile.readline()
  ipDescrp=ipDataByLine.split()
  imagePath='/home/koundinya/Koundi/UIC/Projects/DeepLearning/
  MiniPlaces-Thearno/Data/Dataimages'+'/'+ipDescrp[0]
  imageClassLabl=int(ipDescrp[1])


  #阅读图片（OpenCV）
  image=cv2.imread(imagePath)
  #存储数据
  data[i]=(image,imageClassLabl)


  #展示进度
  if label=='train':
    print('Percentage Completion of Training Data Modelling
```

```
      is:%f%i')
    elif label=='val':
      print('Percentage Completion of Validation Data Modelling
      is:%f%i')
    else:
      print('Percentage of Completion is:%f%i ')
      return data


   #从测试文件夹获取数据测试
    def getTestData(fname):
     #链表空
      testData=[]
      loopVar=0


      for images in giob.giob(fname,'/'.jpg,):
          img=cv2.imread(images)
          testData.append(img)


     #显示进度
      print('Percentage Completion of Training Data Modelling
      is:%f%loopVar')
      loopVar=loopVar+1


      return testdata


def kerasDataFormat(data,label):
      X=[]
      Y=[]
      totalSamples=len(data)
```

```
    for i in range(totalSamples):
        imgData=data[i][0]
        X.append(imgData)
        labels=encode(data[i][1])
        Y.append(labels)
        print("The current Iteration for Keras Data Modal
        is:",i)
    X==numpy.asarray(X)
    X=X.reshape(totalSamples,3,128,128)
    Y=numpy.asarray(Y)
    if label=='train':
        imgPath='/home/koundinya/Desktop/LinkMiniPlaces-
        Theano/OutputFolder/kerasFormatForTmlmg.txt'
        abelPath='/home/koundinya/Desktop/LinkiniPlaces-
        Theano/OutputFolder/kerasFormatForTmLab.txt'
        writeToFile(X,imgPath)
        writeToFile(Y,labelPath)
    if labels=='val':
        imgPath='/home/koundinya/Desktop/LinktoMiniPlaces-
        Theano/OutputFolder/kerasForm atForVallm g.txt'
       labelPath='/home/koundinya/Desktop/LinktoMiniPlaces-
        Theano/OutputFolder/kerasFormatForValLab.txt'
        writeToFile(X,imgPath)
        writeToFile(Y,labelPath)


    return Y,X
#通过训练，验证和测试数据的主要功能
defgetData(label):
    if label=='train':
        trainData=getDataFrom File(trnIpFile,trainLen,label)
        print("Loading Training data-Com pleted!")
        return trainData
    elif label=='val':
```

```
        valData=getDataFrom File(valIpFile,valLength,label)
        print("Loading Validation data-Completed!")
        return valData
    elif label=='test':
        testData=getTestData(testImgFolder)
        print("Loading Testing data-Completed!")
        return testData
    else:
       print("UnknownLabel:%s Please check your entry"%label)
```

```
Convolutional Network
from keras.models import Sequential
from IxrasJqyers.core import Dense,Dropout,Activation,Flatten
from kerasJayers.convolutional import Convohition2D,
A4axPooiing2D
from keras.optimizers import SGD
fromkeras.regularizers import 12,activity_1112
```

C.6指纹识别(LAMSTAR-1)

```
%图像预处理
%从指纹图像中提取脊线和分叉
%读取输入图像
%binary_image=im2bw('inread(C:\Users\anuhsa\fp.jpg'));
%采用小区域显示清晰输出
binary_image=binary_image(120:400,20:250);
figure;imshow(binary_image);title('Input image');

%稀释
thin_image=bwmorph(binary_image,'thin',inf);
figure;imshow(thin_image);title('Thinned Image');
```

```
%特征提取
s=size(thin_image);
N=3;%窗口大小
n=(N-1)/2
r=s(1)+2*n;
c=s(2)+2*n;
double temp(r,c);
temp=zeros(r,c);bifitrcation=zeros(rc);ridge=zeros(r,c);
temp((n+1):(end-n),(n+1):(end-n))=thin_image(:,:);
outlmg=zeros(r,c,3);%用于显示
outImg(:,:,1)=temp.*255;
outImg(:,:,2)=temp.*255;
outImg(:,:,3)=temp.*255;
for x=(n+1+10):(s(1)+n-10)
for y=(n+1+10):(s(2)+n-10)
   e=1;
   for k=x-n:x+n
f=1;
for l=y-n:y+n
Mat(e,f)=temp(k,l)
 f=f+1
end
e=e+1
   end
   if(mat(2,2)==0)
      redge(x,y)=sum(sum(~mat));
      bifurcation(x,y)=sum(sum(mat));
   end
end
end


RIDGE END FINDING
[ridge_x ridge_y]=find(ridge==2);
len=lengh(redge,x);
```

```
%用于显示
for i=1:len
 outImg((ridge_x(i)-3):(ridge_x(i)+3),(ridge_y(i)-3),1:2)=0;
    outImg((ridge_x(i)-3):(ridge_x(i)+3),(ridge_y(i)+3),
    1:2)=0;
    outImg((ridge_x(i)-3):(ridge_y(i)-3),(ridge_y(i)+3),
    1:2)=0;
    outImg((redge_x(i)+3):(ridge_y(i)-3),(ridge_y(i)+3),
    1:2)=0;


 outImg((ridge_x(i)-3):(ridge_x(i)+3),(ridge_y(i)-3),3)=255;
    outImg((ridge_x(i)-3):(ridge_x(i)+3),(ridge_y(i)+3),
    3)=255;
    outImg((ridge_x(i)-3):(ridge_y(i)-3),(ridge_y(i)+3),
    3)=255;
    outImg((ridge_x(i)+3):(ridge_y(i)-3),(ridge_y(i)+3),
    3)=255;
end


%BIFURCATION FINDING
[bifurcation_x bifurcation_y]=find(bifurcation==4);
len=length(bifurcation_x);
%ForDisplay
for i=1:len
    out.Img(bifurcation_x(i)-3:(bifurcation_x(i)+3),
    (bifurcation_y(i)-3,1:2)=0;
    out.Img(bifurcation_x(i)-3:(bifurcation_x(i)+3),
    (bifurcation_y(i)+3,1:2)=0;
    out.Img(bifurcation_x(i)-3:(bifurcation_x(i)-3),
    (bifurcation_y(i)+3,1:2)=0;
    out.Img(bifurcation_x(i)+3:(bifurcation_x(i)-3),
    (bifurcation_y(i)+3,1:2)=0;
    out.Img(bifurcation_x(i)-3:(bifurcation_x(i)+3),
```

```
    (bifurcation_y(i)-3,1:2)=255;
    out.Img(bifurcation_x(i)-3:(bifurcation_x(i)+3),
    (bifurcation_y(i)+3,1:2)=255;
    out.Img(bifurcation_x(i)-3:(bifurcation_x(i)-3),
    (bifurcation_y(i)+3,1:2)=255;
    out.Img(bifurcation_x(i)+3:(bifurcation_x(i)-3),
    (bifurcation_y(i)+3,1:2)=255;
end
figure;imshow(outlmg);title('Minutiae');
```

C.7指纹识别2(CNN)

```
from_future_import print_function
import sys
import os
import time
import numpy as np
import theano
import theano.tensor as T
import lasagne
# Download and prepare the dataset
def load_dataset0:
# We first define a download function, supporting both Python
# 2 and 3.
   if sys.version_info[0]==2:
      from urllib import urlretrieve
   else:
      from urllib.request import urlretrieve
def download(filename,source=http://biometrics.idealtest.org/)
INTERRUPTED


#此脚本支持三种类型的模型。对于每一个，我们定义一个函数，接受一个在
#Lasange中建立的神经网络模型输出层的输入和返回的Theano变量
#def build_mlp(input_var=None):
```

```
#这将创建一个由两个隐藏层组成的MLP，每个层由800个单元组成，然后为软
#件最大输出层为10个单元。它将20%的下降率应用于输入数据，50%的数据
#丢失在隐藏层
#输入层指定网络的预期输入形状(未指定批次大小、1通道、28行和28列)
#并且将其链接到给定的Theano变量input var', if any:
  I_in=lasagne.layers.InputLayer(shape=(None,1,28,28),
input_var=input_var)
  #将20%的下降率应用于输入数据
l_in drop=lasagne.layers.DropoutLayer(l_in,p=0.2)
  #添加一个800单位的FC层，使用线性整流器，并且
  #用Glorot格式初始化权值(无论如何均默认)
l_hidl=lasagne.layers.DenseLayer(
l_in_drop.num_units=800,
  nonlinearity=lasagne.nonlinearitiest.rectigy
  W=lasagne.init.GlorotUniform())
  #再加50%的下降率
l_hidl_drop=lasagne.layers.DropoutLayer(l_hid1,p=0.5)
l_hid2=lasagne.layers.DenseLayer(
    l_hidl_drop,num_units=800,
    nonlinearity=lasagne.Nonlinearity.recigy)
  #再次50%的下降率
l_hid2_drop=lasagne.layers.DropoutLayer(l_hid2,p=0.5)
  #最终添加FC层，由10个Softmax单元组成
l_out=lasagne.layers.DenseLayer(
    l_hid2_drop.num_units=10,
    nonlinearity=lasagne.nonirities.softmax)
```

C.8人脸识别

第1部分(LAMSTAR-1和LAMSTAR-2)

```
%使用LAMSTAR和改良LAMSTAR进行人脸检测识别
%读RGB图像
close all;
Mmread('Individuall_01.jpg');
l=rgb2gray(i);
```

```
BW==im2bw(l);
figure;imshow(BW)


%减少背景部分
[n1 n2]=size(BW);
r=floor(nl/lo);
c=floor(n2/lo);
x1=1;x2=r;
s=r*c;
for i=1:10
y1=1;
y2=c;
for j=1:10
    if(y2<=c|y2>=9*c)|(x1==1|x2==r*10)
        loc=find(BW(xl:x2,y1:y2)==0);
        [o p]=size(loc);
        pr=o*100/s;
        if pr<=100
            BW(x1:x2,yl:y2)=0;
            rl=xl;r2=x2;sl=yl;s2=y2;
            prl`=0;
end imshow(BW);
end
y1=yl+c;
y2=y2+c;
end
    x1=x1+r;
    x2=x2+r;
end
    figure;imshow(BW)
%人脸检测
L=bwlabel(BW,8);
BB=regionprops(Lf 'BoundingBox');
BB1=struct2cell(BB); BB2=cell2mat(BBl);
```

```
[s1 s2]=size(BB2);
mx=0;
for k=3:4:s2-1
   p=BB2(l,k)*BB2(l,k+1);
   if p>mx<Sc(BB2(l,k)/BB2(lM l))<1.8
   mx=p;
   j=k;
end
end
figure;imshow(I);
hold on;
rectangle('Position',[BB2(lJ-2), BB2(1,J-1),),
BB2(1,J),BB2(l,j+l)],'EdgeColor','r ')


%得到固有面部
funtion[wi,Avglmage,efaces]=getget_eigenfaces(X.top_k)
N=64;
M=135;
if size(X,2)==N*N
   DISPLAY('ERROR');
       return;
end
st.size=M
for i=1:M
 st.data{i}=reshape(X(i,:),[N,N]);
 END
 Avgimage=zeros(N);
 for k=1:20
 Avgimage=Avgimage+(1/M)*st.data{k};
 end
 %%正常化(删除)
 for k=1:20
   st.dataAvg{k}=st.data{k}-Avgimage;
 end
```

```
A=zeros(N*N,M);% (N*N)*M 1000*10
for k=1:20
    A(:,k)=st.dataAvg{k}(:);
end
%协方差矩阵全部调暗(转置)
C=A'*A;
%figure(4)
% imagesc(C);
% title('covariance');
%% 小维数的特征矢量
[Veigvec,Deigval]=eig(C);%vM*Me M*M only 20 eigen values
%大维数的特征向量A *veigvec是Clarge的特征向量
Vlarge=A *Veigyec;% 2500*M *M *M=2500 *M
%对特征面重塑
efaces_tmp=[];
for k=1:20
   c=Vlarge(:,k);
   efaces_tmp{k}=reshape(c,N,N);
  end
x=diag(Deigval);
[~,xci]=sort(x,'descend');%最大特征值
nsel=top_k; % 选择特征脸
for mi=1:M% 图像数量
for k=1:nsel % coeff数字的特征脸
   wi(mi,k)=sum(A(:,mi).*efaces_tmp{xci(k)}(:));
   end
end
efaces=[];
for k=1:nsel
  efacesfk}=efaces_tmp{xci(k)};
fprntf('eigenfaces.txt1',efaces{k});
  end
focerecognition.m
  close all;
  clear all;
```

```
  clc;
  eigen_faces='eigen'
faces.txt';
delimiterln'';
headerlinesln=1;
A=importdata(eigen^faces,delimiterln,headerlinesln);
for class=1:1:15
    face=[];
    if class==1
        face=ImageWordl;
    elseif class==2
        face=ImageWord2;
    elseif class==13
      face=ImageWord13;
    elseif class==14
       face=ImageWord14;
    else
    face=ImageWord15;
    end
end
finalvector=[1 0 0 0 0 0 0 0 0 0 0 0 0 0 0 %个体1
             0 1 0 0 0 0 0 0 0 0 0 0 0 0 0 %个体2
             0 0 1 0 0 0 0 0 0 0 0 0 0 0 0 %个体3
             0 0 0 1 0 0 0 0 0 0 0 0 0 0 0 %个体4
             0 0 0 0 1 0 0 0 0 0 0 0 0 0 0 %个体5
             0 0 0 0 0 1 0 0 0 0 0 0 0 0 0 %个体6
             0 0 0 0 0 0 1 0 0 0 0 0 0 0 0 %个体7
             0 0 0 0 0 0 0 1 0 0 0 0 0 0 0 %个体8
             0 0 0 0 0 0 0 0 1 0 0 0 0 0 0 %个体9
             0 0 0 0 0 0 0 0 0 1 0 0 0 0 0 %个体10
             0 0 0 0 0 0 0 0 0 0 1 0 0 0 0 %个体11
             0 0 0 0 0 0 0 0 0 0 0 1 0 0 0 %个体12
             0 0 0 0 0 0 0 0 0 0 0 0 1 0 0 %个体13
             0 0 0 0 0 0 0 0 0 0 0 0 0 1 0 %个体14
             0 0 0 0 0 0 0 0 0 0 0 0 0 0 1] %个体15
```

```
    N_Sub=20;
    N_Numneuron=10;
    N_OPNeuron=15;
```

第2部分(CNN)

```
#face_full_conv.prototxt
#完全卷积网络版本的CaffeNet
name:"CaffeNetConv"
input:"data"
input_dim:1
input_dim:3
input_dim:64
input_dim:64
layer{
name:"convl"
type:"Convolution"
bottom:"data"
top:"convl"
convolution_param{
   num_filters:4
   kernel_size:5
   stride:1
}


layer{
   name:"pool"
   type:"Polling"
   bottom:"convl"
   top:"pool1"
   pooling_param{
      pool:MAX
      stride:2
```

```
    }
}
layer{
    name:"conv2"
    type:"Convolution"
    bottom:"pool1"
    top:"conv2"
    convolution_param{
        num_filters:4
        kernel_size:5
        stride:1
    }
}
layer{
    name:"RELU1"
    type:"RELU"
    bottom:"poo2"
    top:"conv2"


}
layer{
 name:"prob"
type:"Softmax"
bottom:"RELU1"
    top:"prob"
}
#图像预处理
from PIL import Image
import numpy as np
import random


d.......(INTERRUPTED):
```

C.9 蝴蝶种类分类

第1部分(LAMSTAR)

```
%用MATLAB编写的代码
function[images]=preprocessing()
imagefiles=dir('*.jpg');
nfiles=length(imagefiles);
for ii=1:nfiles
  currentfilename=imagefiles(ii).name;
  RGB=imread(currentfilename);
  l=rgb2gray(RGB);
  Iblurl=imgaussfilt(1);
  Iblur2=medfilt2(Iblurl);
  BW=im2bw(Iblur2,0.6);
  mask=ones(size(BW));
  contour=activecontour(BW,mask,'edge');
  images {ii}=contour;
end
end


function[featureVec]=features(contenttype,images)
cd(strcat('/Users/Susmitha/neural_netwroks/project/LAM
STAR/',contenttypc));
flst=dir('*jpg');


ImageWord=[];
contentfilename=[];
for j=l:length(flst)
fn=flst(j).name;
displsprintf('workin on<%s>',fn));


Originallmage=imread(fn);
```

```
GrayOrglmage=RGB2gray(OriginalImage);
%每一种颜色成分
R=Originallmage(:,:,1);
G=Originallmage(:,:,2);
B=Originallmage(:,:,3);


%颜色柱状图
R=reshape(R,size(R,1)*size(R,2),1);
G=reshape(G,size(G,1)*size(G,2),1);
B=reshape(B,size(B,1)*size(B,2),1);


[Rn1,Rx1]=imhist(R);
[Gn1,Gx1]=imhist(G);
[Bn1,Bx1]=imhist(B);


NormRn1=Rn1;
NormGn1=Gn1;
NormBn1=Bn1;


Mean=[];Variance=[];Skew=[];


%每种颜色组件的第一、第二和第三阶统计信息
%在0和1之间缩放一些值的平均值、方差和歪斜值


Mean(1)=mean(NormRn1);
Mean(2)=mean(NormGn1);
Mean(3)=mean(NormBn1);
```

```
Variance(1)=var(NormRn1);
Variance(2)=var(NormGn1);
Variance(3)=var(NormBn1);


Skew(1)=skewness(NormRn1);
Skew(2)=skewness(NormGn1);
Skew(3)=skewness(NormBn1);


if(Mean(1)>=0)&(Mean(1)<1000)
    Mean(1)=1;
    if(Mean(1)>1000)&(Mean(1)<=2000)
        Mean(1)=2;
    else Mean(1)=3;
    end
end


if(Mean(2)>=0)&(Mean(2)<1000)
    Mean(2)=1;
    if(Mean(2)>1000)&(Mean(2)<=2000)
        Mean(2)=2;
    else Mean(2)=3;
    end
end


if(Mean(3)>=0)&(Mean(3)<1000)
    Mean(3)=1;
    if(Mean(3)>1000)&(Mean(3)<=2000)
        Mean(3)=2;
    else Mean(3)=3;
    end
end
```

```
if(Variance(1)>=0)&(Variance(1)<50e+5)
   Variance(1)=0;
else
   if(Variance(1)>50e+5)&(Variance(1)<100e+5)
      Variance(1)=1;
   else
      if(Variance(1)>100e+5)&(Variance(1)<=150e+5)
         Variance(1)=2;
      else Variance(1)=3;
      end
   end
end

if(Variance(2)>=0)&(Variance(2)<50e+5)
   Variance(2)=0;
else
   if(Variance(2)>50e+5)&(Variance(2)<100e+5)
      Variance(2)=1;
   else
      if(Variance(2)>100e+5)&(Variance(2)<=150e+5)
         Variance(2)=2;
      else Variance(2)=3;
      end
   end
end

if(Variance(3)>=0)&(Variance(3)<50e+5)
   Variance(3)=0;
else
   if(Variance(3)>50e+5)&(Variance(3)<100e+5)
      Variance(3)=1;
```

```
    else
        if(Variance(3)>100e+5)&(Variance(3)<=150e+5)
            Variance(3)=2;
        else Variance(3)=3;
        end
    end
end


%颜色矢量
ColorVec=[Mean Variance];
%从一个层次上，对灰色图像采取离散小波分析
[CA CH CV CD]=dwt2(GrayOrgImage,'haar');
CA=(CA+abs(min(min(CA))))/(max(max(CA))+abs((min(min(CA)))));
CH=(CH+abs(min(min(CH))))/(max(max(CH))+abs((min(min(CH)))));
CV=(CV+abs(min(min(CV))))/(max(max(CV))+abs((min(min(CV)))));
CD=(CD+abs(min(min(CD))))/(max(max(CD))+abs((min(min(CD)))));


CA=reshape(CA,size(CA,1)*size(CA,2),1);
CH=reshape(CH,size(CH,1)*size(CH,2),1);
CV=reshape(CV,size(CV,1)*size(CV,2),1);
CD=reshape(CD,size(CD,1)*size(CD,2),1);


texturevec(l)=mean(CA);
texturevec(l)=mean(CH);
texturevec(l)=mean(CV);
texturevec(l)=mean(CD);


%几何特征


geometricvec(l)=bwarea(images{j});
```

```
geometricvec(2)=bwperim(images{j});
geometricvec(3)=sqrt(4*geometricvec(7)/pi);


texturevec=round(texturevec*15);
ColorVec=rownd(ColorVec*15);
geometricvec=round(geometricvec*15);


lmageWord(j,:)=[ColorVec texturevec geometricvec];
a=ImageWord(j,:);


end


feature Vec=ImageWord;
%函数[返回值]=runlam star()
%每个lamstar中的子词数
clear all
clc


load 'preprocessedfile'
%将输入的单词按我们需要的形式排列
%保留输入向量
for class=1:1:10
   ClassWords=[];
   if class==1
      ClassWords=ImageWord1;
   else if class==2
       ClassWords=ImageWord2;
   else if class==3
       ClassWords=ImageWord3;
   else if class==4
```

```
        ClassWords=ImageWord4;
    else if class==5
        ClassWords=ImageWord5;
    else if class==6
        ClassWords=ImageWord6;
    else if class==7
        ClassWords=ImageWord7;
    else if class==8
        ClassWords=ImageWord8;
    else if class==9
        ClassWords=ImageWord9;
        else ClassWords=ImageWordl0;
    end
   for i=l:1 :size(ClassWordsfl)
      Wordstring=[];
for j=l:l:6
subword=ClassWords(i,j);
tempstring=dec2bin(subwordt2);
Wordstring=strcatffVordstring,tempstring);
end
Actualword(class,i,:)=int8(Wordstring-'0');
end
end


% 确定目标向量
% 这里有10个类别


targetvextor=[1 0 0 0 0 0 0 0 0 0
              0 1 0 0 0 0 0 0 0 0
              0 0 1 0 0 0 0 0 0 0
              0 0 0 1 0 0 0 0 0 0
              0 0 0 0 1 0 0 0 0 0
              0 0 0 0 0 1 0 0 0 0
```

```
                0 0 0 0 0 0 1 0 0 0
                0 0 0 0 0 0 0 1 0 0
                0 0 0 0 0 0 0 0 1 0
                0 0 0 0 0 0 0 0 0 1];
N1_Subword=16;
N1_NumElmtSub=10;


N1_LinkW eight=[];
for i=1:1:N1_Subword
  for j=1:1:N1_Numofneuron
    for k=1:1:N1_OutputNeurons
 N1_LinkWeight(i,j,k)=0001*(2*rand-1);
    end
end
end


%规范化的权重


for k=1:1:N1_OutputNeurons
   Normvalue=sqrt(sum(sum(N1_LinkWeight(:,:,k).^2)));
   if Normvalue==0
      for i=1:1:N1_Subword
for j=1:1:N1_Numofneuron
N1_LinkWeight(i,j,k)=N1_LinkWeight(i,j,k)/Normvalue;
end
      end
   end
end


%初始化SOM层权重
N1_SomWeight=[];
```

```
  for i=l:l:Nl_Subword
    for j=l:l:Nl_NumElmtSub
      for k=l:l:Nl_OutputNeurons
        Nl_someWeight(i,j,k)=.001*(2*rand-1);
        end
      end
end
```

```
%规范化的权重
  for i=l:l:Nl_Subword
      for k=l:l:Nl_OutputNeuron
 Normvalue=sqrt(sum(Nl_SomeWeight(:,:,k).^2));
           if Normvalue~=0
        for j=l:l:Nl_NumElmtSub
          Nl_LinkWeight(i,j,k)=N1_LinkWeight(i,j,k)/
          Normvalue;
        end
      end
  end
end
firstrand=round(rand*(size(lmageWord2,l)-20));
secondrand=round(rand*(size(IfnagefVord3,l)-20));
p=[1:20size(ImageWord,1)+firstrand+1.size(ImageWord,1)+fir
strand+20size(ImageWord1,1)+size(ImageWord2,1)+secondrand+
1:size(ImageWord1,1)+secondrand+size(ImageWord2,1)+20];


OinputWordpatterns=[];
ODesiredOutputPatterns=[];


for i=1:1:60
    for i=1:1:150
    if p(i)<=size(ImageWord1,1)
```

```
OlnputWordpatterns(i,:)=Actualword(1,p(i),:);
ODesiredOutputPattern(i,:)=[1 0 0];
    else
       if p(i)<=(size(ImageWord2,1)+size(ImagneWord1,1))
         OlnputWordpatterns(i,:)=Actualword(2,p(i)-size
         (ImageWord1,1),:);
         ODesiredOutputPattern(i,:)=[ 0 1 0];
          else OlnputWordpatterns(i,:)=Actualword(2,p(i)-
          size(ImageWord1,1)-size(ImageWord2,1),:);
         ODesiredOutputPattern(i,:)=[ 0 0 1];
          end
        end
    end
end


flag=0; numCycle=0; alfa=7; betaO=1; Error=[]; Err=[];
punishdelta=0.5;rewarddelta=3;
Er1=[];
Winner=[];
while flag==0
    numCycle+1;
    alfa=alfa/numCycle;


    if mod(numCycle,15)==0
 alfa=alfaO/(numCycle/15);
betta=bettaO/(numCycle/15);
    end
    %permute the order of the input words and the training class


    p=randperm(60);
```

```
lnputWordpattems=[];
DesiredOutputPattems=[];


for i=l:1:60
for i=I:1:832
InputWordpattems(i,:)=OInputWordpatterns(p(i),:);
DesiredOutputPattem(i,:)=ODesiredOutputPattem(p(i),:);


 if p(i)<=size(ImageWordl,1)
    InputWordpattems(i,:)=Actualword(l,p(i),:);
    DesiredOvtputPattern(i,:)=[1 0 0];
 else
     if p(i)<=(size(ImageWord2,l)+size(ImageWordl,1))
      lnputWordpatterns(i,:)=Actualword(2,(p(i)-
      size(ImageWordl,1)),:);
      DesiredOutputPattem(i,:)=[0 1 0];
      else InputWordpattems(i,:) Actuatword(3,(p(i)-
      size(IfnageWordl,1)-size(lmageWord2,l)),);
        DesiredOutputPat1em(i,:)=[0 0 1];
end
 end
end


%SOM图层的权重调整在这里完成。
%temp=lnputWordpattems(:,37:64);
%InputWordpatterns[];
%InputWordpatterns=temp;


 for i=1:1:size(InputWordpatterns,1)
```

```
    indentified=0;
    alfa=0.7;


    while identified==0
        alfa=0.9*alfa;
        KohOutputs=zeros(N2_Subword,N2_Numofneuron);
        InputPattem=[];
 DesiredPattem=[];
 InputPattem=InputWordpattems(i,:);
 DesiredPattem=DesiredOutputPattem(i,:);


      Winner=[];
  for j=l:l:Nl_Subword
SubWord=InputWordpattems((j-l)*2+l:(j-l)*2+2);
Normvalue=sqrt(sum(SubWord.^2));
    if Normvalue~=0
SubWord=SubWord/Normvalue;
   end


for k=J:l:Nl_Numofneuron
 sumx=0;
        for z=l:l:Nl_NumElmtSub
          sumx=sumx+SubWord(z)*Nl_SomWeight(j,z,k);
          end
        % KohOut(j,k)=SubWord.*Nl_SomWeight(j,:,k);
        KohOut(j,k)=sumx;
   end


   %找到w内部
     [WinnerVal Winnerlndex]=max(KohOut(j,:));
   %内取全部
```

```
    KohOutputs(j,Winnerlndex)=1;
    Winner(j)=Winnerlndex;


  %更改权重
    for k=1:N1_Numofiteuron
      for z=1:1:N1_NumElmtSub
 diff=SubWord(z)-N1_SomWeight(i.z,k);
N1_SomWeight(j,z,k)=N1_SomWeight(j,z,k)+alfa*(diff);
      end
    end


%使改变的权重标准化
        for k=l:1:N1_Numofiteuron
          Normvalue=sqrt(sum(N1_SomWeight(j,:,k),^2));
          if Normvalue~=0
          for z=l:1:N1_NumElmtSub
          N1_SomWeight(i,2,k)=N1_SomWeight(i,z,k)/Normvalue;
          end
    end
  end
 end
%在决策层中调整权重
%惩罚/奖励基于结果的连接权值
%如果结果是有利的，则奖励所有到输出获胜神经元的连接权值，
%并惩罚所有连接到这个特定输出神经元的连接权值


 %如果结果是不利的，则对输出获胜神经元的连接权值进行惩罚
 %这里获胜的神经元指数是Dindex
 %求所有赢者对应于输出层神经元的连接权值之和
ef IoUqfTwoSctmeImages(regionl,region2).......
```

第2部分(CNN)

```
#cnn.py


from _future_ import absolute_import
from _future_ import print_function
import numpy as np
np.random.seed(1337) # 再现性
from six.moves import cPiclde
from keras.datasets import mnist
from keras.models import Sequential
from keras.layers.core import Dense, Dropout,
Activation,Flatten
from keras.layers.convolutional import
Convolution2D.MaxPooling2D
from keras.utils import np_utils
from loadData import load_data


bach_size=50
nb_classes=10
nb_epoch=200


#输入图像尺寸
img_rows,img_cols=150,150
#要使用的卷积滤波器的数量
nb_filters=10
#最大池的面积
nb_pool=5
#卷积核大小
nb_conv=10


path="/Users/SusmithaMeural_networks/project/data.pkl"
```

```
#数据在训练集和测试集之间被打乱和分割
(X_train,y_train),(X_test,y_test)=load_data(path)
X_train=X_train.reshape(X_train.shape[0],1,img_rows,
img_cols)
X_test=X_test.reshape(X_test.shape[0],1,img_rows,
img_cols)
X_train=X_train.astype("float32")
X_test=X_test.astype("float32")
X_train/=255
X_test/=255
print('X_train.shape:',X_train.shape)
print(X_train.shape[0],'train samples')
print(X_test.shape[0],'test samples')


#将类向量转换为二进制类矩阵
Y_train=np_utils.to_categorical(y_train,nb_classes)
Y_test=np_utils.to_categorical(y_test,nb_classes)
model=Sequential()
model.add(Convolution2D(nb_filters,nb_conv,nb_conv,
     border_mode='full',input_shape=(1,img_rows,
     img_cols)))
model.add(Activation('RELU'))
model.add(Convolution2D(nb_filters,nb_conv,nb_conv))
model.add(MaxPooling2D(pool_size=(nb_pool,nb_pool)))
model.add(Activation('RELU'))
model.add(Convolution2D(nb_filters,nb_conv,nb_conv))
model.add(MaxPooling2D(pool_size=(nb_pool,nb_pool)))
model.add(Activation('RELU'))
model.add(Activation('RELU'))
model.add(Dropout(0.25))
model.add(Dense(nb_classes))
model.add(Activation('softmax'))
```

```
model.compile('loss=categorical_crossentropy',optimizer=ad
adelta)
model.fit(X_train,Y_train,batch_size=batch_size,nb_epoch=n
b_epoch,show_accuracy=True,verbose=1,validation_data=(X_te
st,Y_test))
score=model.evaluate(X_test,Y_test,show_accuracy=True,verb
ose=0)
print('Test score:',score[0])

print('Test_accuracy:'score[1])

#loadData.py


from _future_ import absolute_import
from _future_ import print_function


import tarfile
import os
import numpy as np


import gzip
from six.moves import cpicKle
import sys


def get_file(fham_e,origin,untar=False):
    if not os.path.exists(datadir):
        os.makedirs(datadir)
    if untar:
        untarJpath=os.path.join(datadir,fname)
```

```
        fpath=untar_fpath+'tar.gz'
    else:
        fpath=os.path.join(datadir,fhame)
    return fpath


def load_data(path):
    path=getJile(path)


    if path.endswith(".gz"):
        f=gzip.open(path,'rb')
    else:
        f=open(path,'rb')


    if sys.versionjnfo<(3,):
        data=cPickle.load(f)
    else:
        data=cPickle.load(f,encodmg="bytes")


    f.close()


    return data#(X_train,y_train),(X_test,y_teat)
```

C.10 树叶分类(CNN)

```
#cnn_leaves.py
from _future_ import print_function
import sys
import os
import time
import numpy as np
```

```
import theano
import theano.tensor as T
import lasange
import gzip
import pylab
from PIL import Image
import glob
def load2d(x_train,img_rows,img_cols,image_dim):
    #返回重塑数组
    return x_train.reshape(x_train.shape[0],image_dim,image_
    rows,image_cols).astype("float32")
    all_paths=glob.glob(image_path+image_extension)
    images=[]
    basenames=[]
    #装入映象
    for path in all_paths:
        stacked=stack_features(path)
        basenames.append(os.path.basenames(path))
        images.append(stacked)
    INTERRUPTED


def build_cnn(input_var=None):
    #作为第三种模型，我们将创建一个CNN，它包含两个卷积轮询阶段和
    #一个在输出层前面FC的隐藏层


    network=lasange.layer.InputLayer(shape=(None,1,200,
    200),input_var=input_var
    network=lasange.layers.Conv2DLayer(
    network,num_filters=5,filter_size=(10,10),
    nonlinearity=lasange.nonlinearities.rectify(
    W=lasagne.init.GlorotUniform())
    network=lasange.layer.MaxPool2DLayer(network,pool_size
    =(2,2))
```

```
network=lasange.layer.Conv2DLayer(
network,num_filters=5,filter_size=(10,10),
nonlinearity=lasange.nonlinearities.rectify)
network=lasange.layer.MaxPool2DLayer(network,pool_size=
(2,2))
INTERRUPTED


#为输入和目标准备Theano变量
input_var=T.tensor4('inputs')
targe_var=T.ivector('targets')
network=build_cnn(input_var)
prediction=lasange.layers.get_output(network)
loss=lasange.objectives.categorical_crossentropy
(prediction,target_var)
loss=loss.mean()
params=lasange.layers.get_all_params(network,
trainable=True)
updates=lasange.updates.nesterov_momentum(
loss,params,learning_rate=0.01,momentun=0.9)
test_prediction=lasange.layers.get_output(network,
deterministic=True)
test_loss=lasange.objectives.categorical_crossentropy
(test_prediction,target_var)
lest_loss=test_loss.mean()
test_acc=r.mean(T.eq(T.argmax(testprediction,axis_1),
target_var),dtype=theano.config.floatX)
train_fn=theano.fimction([input_var,target_var],loss,
updates=updates)
val_fn=theano.fitnction([input_var, target_yar],
[testJoss,test_acc])
INTERRUPTED
```

C.11 交通标志识别(LAMSTAR-1)

```
function img=edu_imgpreprocess(I,selected_col,selecte_ln)
Igrqy=rgb2gray(l);
Ibw=im2bw(Igray,graythresh(Igray));
ledge=edge(uint8(Ibw));
se=strel('square',3);
Iedge2=imdilate(ledge,se);
Ifill=imfill(Iedge2,'holes');
[Ilabel=num]=bwlabel(Ifill);
Iprops=regionprops(Ilabel);
Ibox=[Iprops.BoundingBox];
[y,x]=size(Ibox);
x=x/4;
Ibox=reshape(Ibox,[4 x]);
Ic=[Iprops.Centroid];
[z,w]=size(Ic);
w=w/2;
Ic=reshape(Ic,[2,w]);
ic=ic';
Ic(:,3)=(mean(Ic.^2,2)).^(1/2);
Ic(:,4)=1:w;
Ic2=sortrows(Ic,2);
for cnt=1:selected_ln
Ic2((cnt-1)*selected_col+cnt*selected_col,:)=sortrowsIc2((
cnt-1)*selected_col+1:cnt*selected_col,:),4);
  end
Ic3=Ic2(:,l:2);
ind=Ic2(:,4);
for cnt=1:selectedJn*selected_col
img{cnt}=imcropffbw,Ibox(:,ind(cnt)));
end
function bw2=edu_imgcrop(bw)
%求图像的边界
[y2temp x2temp]=size(bw);
```

```
x1=1;
y1=1;
x2=x2temp;
y2=y2temp;
%找到左侧空白区域
cntB=1;
while (sum(bw(:,cntB))==y2temp)
 xl=xl+1;
cntB=cmB+l;
end
%找到右边空白区域
cntB=J;
while(sum(bw(cntB,:))==x2temp)
yl=yl+l;
cntB=cntB+1;
end
%找到上面空白区域
cntB=x2temp;
while(sum(bw(:,cntB))==y2temp)
  x2=x2-1;
 cntB=cntB-1;
end
% 找到较低处空白区域
cntB=y2temp;
while(sum(bw(cntB,:))==x2temp)
y2=y2-l;
cntB=cntB=1;
end
%将图像裁剪到边缘
bw2=imcrop(bw,[xl,yl,(x2-xl),(y2-y)]);
function left=edu_imgresize(bw2)
%该功能将获取裁剪后的二进制图像，并将其更改为10×10的字符表示形式
bw_1010==imresize(bw2,[l0,10]);
for cnt=l:10
for cnt2=l:10
```

```
Atemp=sum(bw_7050((cnt*10-9:cnt*10),(cnt2*10-9:cnt2*10)));
lett((cnt-l)*5+cnt2)=sum(Atemp);
end
end
let=((100-lett)/100)
fid=fopen('imageresize.txt','w');
lett-lett';
jprintf(fid,'%6.2f \n',left);
fclose(fid);
```

C.12 编程语言分类

```
//BY ERIC WOLFSON FALL 2015 FOR FINAL PROJECT OF CS 559
#include<iostream>
#include<utility>
#include<algorithm>
#include<string>
#include<vector>
#include<sstream>
#include<cstdlib>
#include<math.h>
#include<time.h>
#define NUM_POSSIBLE_VARLABES 26


#define NUM_JNPUT_NEURONS 600
#define NVM_JilDDEN_NEURONS 4
#define NUA_OUTPUT_NEURONS 2


#define NM4_IDEAL_COMBINATIONS 4
#define NUM_TRAINING_PATTERNS 300


#define MULT_FACTOR 1.5873
```

```
#define MAX_ITERATIONS 40000


//LAMSTER
#define NUM_JLAMSTAR TEST—COMBINATIONS 400
#define NUM_LAMSTAI[TRAlfnNG_PATTERNS 1000
#define som_init_tolerance 0.0001
#define som_subsequent_tolerance 0.05
#define SUBWORD_SIZE 150
#define NUM_SUBWORDS_PER_INPUT_VECTOR 4
#define INC_LlNK_WEIGHT 1.0
#define DEC_LINK_WE1GHT 1.0


//在未修改/修改的LAMSTAR之间切换
static const bool modified_lamstar_usage=false;
static const double euler_const=2.7182818284590452 3536;
static const double leam_rate=0.7;
static const double momentum=0.3;
static const double end_error=0.1;
static const double test_success_error=0.49;
static const std::string
language_indicator[NUM_IDEAL_COMBINATIONS]={"C:","PYTHON:"
,"RUBY:","OTHER:"};


enum language_type
{
   C—LANGUAGE,
   PYTHON—LANGUAGE,
   RUBY_LANGUAGE
};
//忽略第二个ruby，它仅仅是一个占位符
```

```
static const language_type
lang_order[NUM_IDEAL_COMBINATIONS]
{
   C—LANGUAGE,
   PYTHON—LANGUAGE,
   RUBY_LANGUAGE,
   RUBlT_LANGUAGEt
};
static const double
   ideal_output_vector[NUM_IDEAL_COMBINATIONS][NUA_OUTPUT
_NEURONS]=
{
   //C
   {0,0,1,0},
   //PYTHON
   {1,0,0,0},
   //BUBY
   {1,0,1,0},
   //OTHER
   {0,0,0,0}
};


//BP
double compute_activation(double x)
{
   return(1.0/(1.0+pow(euler_const,-x)));
}
double compute_activation_derivative(double x)
{
   double exp_temp=pow(euler_const,x);
   return exp_temp/((1.0+exp_temp)*(1.0+exp_temp));
}
```

```
//LEMSTAR
struct s_word
{
   double vals[SUBWORD_SIZE];
};


//LAMSTAR NEUTRON for SOM MODULE
struct SOM_neuron
{
   double inps[SUBWORD_SIZE];
   double outp;
   bool is_winner;
};
//Sinppet复杂性;
/if语句
//for循环
//while循环
//辅助操作和文字
//if语句的陈述和条件
//声明参数
//函数返回值


//GENERATOR CODE BEGINS HERE
enum line_type
{
   LINE_PARAM,
   LINE_DECLR,
   LINE_ASSGN,
   LINE_OPERN,
   LINE_IFSTT,
   LINE_WLOOP,
   LINE_FLOOP
};
```

```
enum DATA_TYPE
{
   TYPE_INT,
   TYPE_FLOAT
};
enum cond_type
{
   COND_EQ,
   COND_NEQ,
   COND_LT,
   COND_LTE,
   COND_GT,
   COND_GTE
};
enum oper_type
{
   OPER_ADD,
   OPER_MULT,
   OPER_LT,
   OPER_LTE,
   OPER_GT,
   COND_GTE
};
   enum oper_type
   {
      OPER_ADD,
      OPER_MULT,
      OPER_SUB
   };
   struct struct_tuple
   {
      int a,b;
   };
```

```
    struct variable
{
    char symbol;
    data_type dt;
};
    struct literal
    {
        int whole_part;
        int decimal_part;
    };


    struct varlit_pair
    {
        variable c;
        literal l;
    };
struct condition
{
    cond_type ct;
    varlit_pair ct;
    int id;
    int parent;



};
struct oper_statement
{
    oper_type ct;
variable vd;
    varlit_pair vlps;
    int id;
    int parent;
};
```

```
struct for_statement
{
    condition c;
    varlit_pair i;
    oper_statement o;
    int id;
    int parent;
};
int roll(int low,int high)
{
    //检查边界
    if(low<0||high<0)
        return 0;


    if(low==0||high==0)
        return 0;
    return(rand()%(high-low+1))+low;
    {
        liter genLiteral(data_type dt,int mwpmint mdp);
    }
    literal l={roll(0,mwp),roll(0,mdp)};
    if(dt==TYPE_INT)
        l.decimal_part=0;
    return l;
}
std::string int2String(int s)
{
    std::stringstream ss;
    ss<<s;
    return ss.str();
}
std::string getCTypeString(data_type d)
{
```

```
    switch(d)
    {
    case(TYPE_INT):
        return "int";
    case(TYPE_FLOAT):
        return "float";
    default:
        break;
    }
    //从未发生
    return "void";
}
std::string getLiteralString(data_type dt,literal l);
{
    if(dt==TYPE_INT)

        return int2String(l.whole_part);
        return
int2String(l.whole_part)+"."+int2String(l.decimal_part);
}
std::string getCOperString(oper_type o)
{
    switch(o)
    {
    case(OPER_ADD):
        return"+";
    case(OPER_SUB):
        return"-";
    default:
        break;
    }
    return "+";
}
```

```
std::string fetCondString(cond_type c)
{
    switch(c)
    {
    case(COND_EQ):
        return "==";
    case(COND_GT):
        return">";
    case(COND_GTE):
        return ">";
    case(COND_LT):
        return "<";
    case(COND_LTE):
        return "<=";
    default:
    break;
    }
    return "!=";
}
```

C.13 转录自然语言会话中的信息分类第1部分(LAMSTAR)

```
LamsterNeuralNetwork.lamster;
package uic.edu.neuralnetwork.lamstar;


import java.math.BigDecimal;
import java.utiLArrayList;
import java.util.Calendar;
import java.util.LinkedHashMap;
import java.util.List;


import uic.edu.neuralnetwork.shared,container.Edge;
import uic.edu.neuralnetwork.shared.container.Layer;
```

```
import uic.edu.neuralnetwork.shared.container.Neuron;
import uic.edu.neuralnetworkshared.container.Neuron.Activa
tionMode;
import uic.edu.neuralnetwork.shared.utils.CommonUtils;


public class LamstarNeuralNetwork extends Forward Feed Neural
Network{
  private boolean normalizedLinkWeights;
  public LamstarNeuralNetwork(int totallnputSubwords,int
totallnputNeuronsPerSubword,int totalOutputNeurons,
      BigDecimal leamingRate,int leamingRateMode,int
maxltercaions,
BigDecimal threshold, boolean normalizeLinkWeights){
      super(totalInputSubwords,totcdlnputNeuronsPerSubword,
totalOutputNeurons,leamingRate,leamingRateMode,maxlteratio
ns,threshold);

       //Lamstar can be implemented using normalized link
       //weights this.normalizedLinkWeights=normalize
       //LinkWeights;


       //We care about summation o f the input to see what is
       //the winner in kohonenloyer hence need summation mode
       Neuron.setOutputActivation(Acti\ationMode.SUMMATION
       FUNCTION);


     //Although in itia l weights are randomized, we must
     //normalize the storageeights (not the link weights)
     normalizeStorage Weights();
}
```

```
//在kohonen层中将分配到每个神经元的随机权重标准化(最终每个Kohonen层
//一个神经元)
private void normalizeStorage Weights(){
for(layerkohonenLayer:kohonenLayers){
    for(Neuron neuron:kohonenLayer){
      List<BigDecimal>weights=new
        ArrayList<BigDecimal>();
        for(Edge neighbor:neurorLbackwardNeighbors()){
        weights.add(neighbor.weight());
        }


        weights=CommonUtils.normalize(weights);
        List<Edge>backwardNeighbors=
        neuron. backwardNeighbors();
        for(int cnt=0; cnt<weights.size();cnt++){
           Edge neighbor=backwardNeighbors.get(cnt);
           BigDecimal weight=weights,getfcnt);
           neighbor.setWeight(weight);


neighbor.targeto.forwardNeighbor(neighbor.source().id()).
setWeight(weight);
                   }
              }
    }
}


private void updateWeightsForWmningNeuron(Nenronmaximum
Neuron,BigDecimal leamingRate,List<BigDecimal>subword){
       BigDecimal output=maximwnNeuron.output();
       LinkedHashMap<Integer, BigDecimal>normalized
       WeightsMap=newLinkedHashMap<Integer, BigDecimal>()
```

```
  //然而对于输出1，仅仅一个神经元是不足够的,保持权重更新
  while(output.compareTo(new BigDecimal(0.99999))<0){
  //this.totalIterations++;
  //我们认为这个单独的神经元为赢者,需要去迭代它的字库并
  //利用(w+alpha*(x-w))更新每一个权重
for(int cnt1=0;cnt1<
    maximumNeuron.backwardNeighbors().size():cntl++){
    Edge neighbor=
    maximumNeuron.backwardNeighbors().get(cntl);
    BigDecimal value=subw ordget(cntl);
    //extract normalized weight for current neighbor
    BigDecimal weight=neighbor.weight();
    //delta=(x-w)
    BigDecimal deltaWeight=value.subtrad(weight);
    //delta=alpha*delta=alpha*(x-w)
    deltaWeight=leamingRate.multply(deltaWeight);
    eighbor.setDeltaWeighi(deltaWeigh);
    //w=w+delta=w+alpha(x-w)
    BigDecimal new Weight=
    neighbor.Weight().add(deltaWeight);
    //将新的权重更新为映射，直到我们正常化前不要更新
    //实际权重，以便正确地维护以前的权重状态
    //否则，先前的权重状态将被记录为未归一化的权重，
    //而不是真实的以前规范化的权重值
    normalizedWeightsMap.put(neighbor.target().id(),
newWeight);
    }
    //计算向后邻居(子词邻居)的归一化权值,
    //并将其存储回映射中
      nonnalizedWeightsMap=
CommonUtils.normalize(maximumNeuron.backwardNeighbors(),no
rmalizedWeightsMap);
      //用已命名的权重值更新后一邻居
      for(in t neuronld:normalizedWeightsMap.keySet()){
        edge backwardNeighbor=
```

```
        maximumNeuron.backwardNeighbor(neuronId);
        BigDecimal normcdizedWeight=
        normalizedWeightsMap.get(neuronld);
        backwardNeighbor.setWeight(normalizedWeight);
        Edge forwardNeighbor=
backwardNeighbor.target().fonvardNeighbor(maximumNeuron.
id());
        forwardNeighbor.setWeight(normalizedWeight);
}
        maximumNeuron.applySummation();
        maximumNeuron.applyActivationFunction();
        output=maximumNeuron.output();
}
}
```

//仅更新获胜神经元，如果被激活则奖励其连接权值，否则惩罚其连接权值

```
    private void updateLinkWeightsForWmnmgNeuron(Neuron
maximumNeuron,
List<b=BigDecimal>expectedOutput){
      BigDecimal deltaWeight=new Decimal(0.05). multiply
(new BigDecimal(20));
      //this.totalIterations+=20;
        for(int
          cnt1=0;cnt1<maximumNeuron.forwordNeighbors()
          .size();cnt1++){Edge
          neighbor=maximumNeuron.forwordNeighbors().ge
          t(cntl);neighbor.setDeltaWeight(deltaWeight);
          EdgebackwardNeighbor=
          Neighbor.target().backwardNeighbor(maximumNe
          uron.id());
          backwardNeighbor.setDeltaWeight(deltaWeight);
          BigDecimal expectedValue=expectedOutput.
          get(cntl);
        if(expectedValue.compareTo(BigDecimal.ZERO==0){
        //BigDecim al new Weight=
        neighbor.weight().subtract(delta Weight);
```

```
            BigDecimal newWeight=neighbor.weight();
            //如果lamstar版本已经标准化,那么对获胜神经元
            //进行多次分离
            if(normalizedLinkWeights)
                newWeight=CommonUtils.ratio(newWeight,
new BigDecimal(maximumNeuron.noOfWins()));
                newWeight=newWeight.subtract(deltaWeight);
                neighbor.setWeight(newWeight);
                backwardNeighbor.setWeight(newWeight);
        } else {
                BigDecimal newWeight=
                neighbor,weight().add(delta Weight);
                neighbor.setWeight(new Weight);
                backwardNeighbor.setWeight(new Weight);
        }
    }
}
private boolean
isOutputComplete(List<BigDecimal>expectedOutput){
  List<BigDecimal>actualOutput=new ArrayList<BigDecimal>O;
  for(int cntl=0;cntl<expectedOutput.size();cnt1++){
    BigDecimal summation—BigDecimal.ZERO;
    for(Layer kohonenLayer:kohonenLayers){
       Neuron maximumNeuron=
       kohonenLayer.maximumActivatedNeuronQ;
       BigDecimal weight=
       maximumNeuron.forwardNeighbors().get(cnt1).weight()
       summation=summation.add(weight);
     }
       actualOutput.add(summation);
}
    for(int cnt=0;cnt<expectedOutput.size();cnt++){
       BigDecimal expected=expectedOutput.get(cnt);
       BigDecimal actual=actualOutput.get(cnt);
```

```
        if(expected.compareTo(BigDecimal.ZERO)==0){
            if(actual.compareTo(new BigDecimal(-1))>=0)return
            false;
            continue;
        }
            if(actual.compareTo(BigDecimal.ONE)<0)return false;
}
  return true;
}
@Override


public LinkedHashMap<String,
BigDecimal>train(List<List<List<BigDecimal>>>
inputs,List<List<BigDecimal>>expectedOutputs){
      Calendar calStart=Calendar.getInstance();
    List<List<List<BigDecimal>>>normalizedlnputs=new
ArrayList<List<List<BigDecimal>>>();
    for(List<List<BigDecimal>>input:inputs){
        List<List<BigDecimal>>normalizedlnput=new
ArrayList<List<BigDecimal>>();
        for(List<BigDecimal>subword:input){
normalizedInput.add(CommonUtils, normalize(subword));
     }
  normalizedlnputs.add(normalizedInput);
}
        List<List<-BigDecimal>>incompleteOutputs=new
ArrayList<List<BigDecimal>>();
        for(List<BigDecimal>output:expectedOutputs)
incompleteOutputs.add(output);
        for(int iteration=0;iteration<maxlterations;
itercaion++){this.totallterations++;
        int currentlndex=iteration%inputs.size();
        List<List<BigDecimal>>normalized=
normalizedlnputs.get(currentlndex);
```

```
    List<BigDecimal>expectedOutput=
expectedOutputs.get(currentlndex);
   //输入是归一化的，存储权值也是标准化的(输入到Kohonert层
   //的权值)，所以用前馈使我们在Kohonen层
   //前馈(归一化)上有输出
   //如果预期输出和实际输出足够接近，则将预期输出标记为已完成的训练
   if incompleteOutputs.contains(expectedOutput)&&isOutp
   utComplete(expertOutput))
   incompleteOutputs.remove(expectedOutput);
   //if no more outputs are incomplete then we have converged
   //so end the training
   if(incontpleteOutputs.isEmpty()) break;
   //选择最大激活的输出神经元w*x
   //因为这是输入向量和输入向量最接近的神经元
   for(int cnt=0;cnt<kohonenLayers.size();cnt++){
   //提取子词和当前Kohonen层以便于检查
    Layer kohonenLayer=kohonenLayers.get(cnt);
    List<BigDecimal>subword=normalized.get(cnt);
    Layer inputLayer=inputLayers.get(cnt);
    BigDecimal alpha=leaningRate(leamingRate iteration);
    //在每个具有最大输出的Kohonen层中选择神经元
    Neuron maximum Neuron=
    kohoncnLctycv.maximwnActivatedNeuron();
    //如果Kohonen层中只有一个神经元，并且是第一个输入，
    //那么我们调整权重，使每个Kohonen层中的长神经元成为获胜者
    if(kohonenLayer.size()==1&&iteration==()) {
    //宣布获胜神经元
     maximum Neuron.declared Winner();
    //虽然唯一的神经元不足以输出1，但继续更新权重
    updateWeightsForWinningNeuron
    (maximumNeuron,alpha,subword);
    //有了获胜的神经元，将其输出更新为1.0,
    //其他神经元更新为0.0
    //updateNeuronOutputsForKohonenLayer
(maximumNeuron,kohonenLayer);
```

```
        //更新连接权值
          updateLinkWeightsForWinningNeuron
(mcaimumNeuron,expectedOutput);
          continue;
}
        //否则，这是一个后续的模式输入，而不是第一个输入
        //电流中所有获胜神经元的Kohonen层
        //如果其值至少为0.95，则更新其连接权值
        if(maximumNeuron.ouiput().compareTo(new
BigDecimal(0.95))>=0){
        //宣布获胜神经元
        maximumNeuron.declaredWinner();
        //所以成功获胜的神经元不需要更新权重，
        //只是连接权值需要(即输出层的权重)
        updateLinkWeightsForWirmingNeuron
(ntcacimumNeuron,expectedOutput);
        continue;
}
        //否则获胜神经元不在0.05以内。因此，需要更新其权重向量
        //这意味着我们需要创造一个新的神经元，并且宣布这是赢者
        Neuron newNeuron=new NeuronQ;
        kohonenLayer.addNeuron(newNeuron);
        //宣布获胜神经元
        newNeuron.declaredWinner();
        //把它连接到所有对应的输入层神经元，包括归一化权重
        List<BigDecimal>normalizedWeights=new
ArrayList<BigDecimal>0;
        for(@^uppressWammgs("unused") Neuron inputNeuron:
inputLayer){
            BigDecimal newWeight-random();
            normalizedWeights.add(newWeight);
}


        normalizedWeights=
```

```
CommonUtils.normalize(normalizedW eights);


        for(int cntl=0;cntl<irqmtLayer.size();cntl++){
           Neuron inputNeuron=inputLayer.neuron(cntl);
           BigDecimal normalizedWeight=
           normalizedWeights.get(cntl);
           newNeuron.addBackwardNeighbor(newNeuron,
           inputNeuron,normalizedWeight);
           inputNeuron.addForwardNeighbor(inputNeuron,
           newNeuron,normalizedWeight);
         }


        //接下来，向输出层添加连接权值
        for(Neuron outputNeuron:outputLayer){
           BigDecimal newWeight=random();
           newNeuron.addForwardNeighbor(newNeuron,
in putNeuront newWeight);
          outputNeuron.addBackwardNeighbor
outputNeuron,newNeuron,newWeight);
}
        //更新获胜神经元的输出值
      newNeur.applySummation();
      newNeurn.applyActivationFunction():
        //获胜的神经元不足以输出1，继续更新权重
      updateWeightsForWinningNeuron(newNeuron
newNeuron.output(),subword);
      //现在有了获胜神经元，更新它的
      //输出到1.0，其他神经元更新到0.0
    //updateNeuronOutputsForKohonenLayer(newNeuron
    //kohonenLayer);
    //更新连接权值
  UpdateLmkWeightsForWinningNeuron(newNeuron
expectedOutput);
```

```
      }
    }
      buildTrainedWeightsMap();
      printTrainedWeights();


      Calendar calEnd=Calendar.getInstance();
      this.duration=calEnd.getTimeInMillis()-calStart.getTim
eInMillis();
    this.error=BigDecimal.ZERO;
      printStatistics();
      return trainedWeights;
    }
    @Override
    public voidtest(List<List<List<BigDecimal>>>inputs,
List<List<BigDecimal>>
    expectedOutputs){
        int correct=0;
        for(int cnt=0;cnt<inputs.size();cnt++){
            List<List<BigDecimal>>input=inputs.get(cnt);
            List<List<BigDecimal>>normalized=new
    ArrayList<List<BigDecimal>>();
        for(List<BigDecimal>subword:input){
            normalized.add(CommonUtils.normalize(subword));
    }
        List<BigDecimal>expectedOutput=null;
        if(expectedOutputs/=null)
            expectedOutput=expectedOutputs.get(cnt);
        feedForward(normalized);


        for(Layer kohonenLayer:kohonenLayers){
            Neuron maximumNeuron=
            kohonenLayer.maximumActivatedNeuron();
            for(Neuron neuron:kohonenLayer){
```

```
            if(neuron==maximwnNeuron)
                neuron.setOutpta(BigDecimal.ONE);


else
                neuron.setOutput(BigDecimal.ZERO);
        }
}
  outputLayer.feedForward();
  System.out.println();
  System.out.println();
  printWinnerStatistics();
  System.out.println();
  System.out.println();
  printOutputs(normalized,expectedOutput,
outputLayer.outputs());
  if(isCorrect(expectedOutput,outputLayer.outputs()))
correct++;
}
  System.out.println();
  System.out.println();
  BigDecimal accuracy=CommonUtils.ratiofnew
BigDecimal(correct),new
BigDecimal(inputs.size()));
System.oia.println("nAccuracy:"+accuracy);
}


private boolean isCorrect(List<BigDecimal>expectedOutput,
List<BigDecimal>
actualOutput){
  for(int cnt=0;cnt<expectedOutput.size();crtt++){
      BigDecimal expected=expectedOutput.get(cnt);
      BigDecimal actual=actucdOutput.get(cnt);
      if(expected.compareTo(BigDecimal.ZERO)==0){
```

```
        if(actual.compareTo(new BigDecimal(0))>0)return false;
continue;
}
        if(actual.conyxtreTo(BigDecimal.ONE)<0)return false;
}
    Return true;
}
private void print Winner Statistics(){
  for(int cnt=0; cnt<kohonenLayers.size(); cnt++){
    Layer kohonenLayer=kohonenLayers.get(cnt);
    System.out.printl[SOM]"[" + (cnt + 1) + "]");
    for(Neuron neuron:kohonenLayer) {
        int neuronJd=neuron.Id();
        int noOfWins=neuron,noOfWins();
     System.out.print("["Neuron"]["+neuronld+"]["+noOfWins+"]");
            }
    System.out.println();
      }
}
  INTERRUPTED
TextClassification.java
package uic.edu.textclassification.lamstar;
import Java.io.File;
import java.math.BigDecimal;
import java.utiLArrayList;
import javaMtil.LinkedHashMap;
import java.util.List;
import nip.cs.uic.edu.CorpusUtilities.parser.ParserUtil;
import nip.cs.uic.edu.CorpusUtilities.util.Punctuation U
til;
import nip.cs.uic.edu.sharedjutilities.sharedcontainers.
Pair;
import nip.cs.uic.edu.sharedjutilities.shared_helpers.
FileUtil;
```

```
import nip.cs.uic.
edu.sharedjutilities.sharedjparsers.DynamicTextReader;
import nip.cs.uic.
edu.sharedjutilities.sharedjparsers.DynamicTextWriter;
import uic.edu.characterrecognition.parser.Parser;
import uic.edu.neuralnetwork.lamstar.Lam starNeuralNetwork;
import uic.edu.neuralnetwork.shared,utils.CommonUtils;
impOrt uic.edu.neuralnetwork.lamstar.ForwardFeedN
euralNetwork.LeamingRateMode;


public class TextClassification{
       public static void main(String[] args){
       boolean isModifiedLamstar=false;
       int sentenceLengthLimit=3;
       File unprocessedDataFile=null;
       File preprocessedDataFile=null;
      File indexedDataFile=null;
       List<File>unprocessedDataFiles=null;
       List<List<List<Big Decimal>>>subwords=null;
       List<List<Big Decimal>>expectedOutputs=null;
       LinkedHashMap<String,String>labelMap=null;
       Pair<List<List<List<Big Decimal>>>,List<List<Big
Decimat>>>
modelData=null;
       LinkedHashMap<String,String>vocabulary=null;
       labelMap=new LinkedHashMap<String,String>();
       labelMap.put("Based on data","0 0");
       labelMap.put("Basedon template","01");
       labelMap.put("Windows Management","1 0");
       unprocessedDataFiles=new ArrayList<File>();
       unprocessedDataFiles.add(new
File(". /TextClassification/src/main/java/uic/edu/textclas
sification/lamstar/data/unprocessedtrainingdata.data"));
```

```
        unprocessedDataFile.add(new
File(". /TextClassification/src/main/java/uic/edu/textclas
sification/lamstar/data/unprocessedtestingdata.data"));
        vocabulary=buildVocabulary(unprocessedDataFiles,
        labelMap,3);
        unprocessedDataFile=unprocessedDataFile.get(0);
        preprocessedDataFile=new
File("  /TextClassification/src/main/java/uic/edu/textc
lassification/lamstar/data/preprocessedtramingdata.data");
        indexedDataFile=new
File(". ./TextClassification/src/main/java/uic/edu/textcla
ssification/lamstar/data/trainingdata.data");
        modelData=preprocessAndExtractModelData(unprocessed
        DataFile,preprocessedDataFile,indexedDataFile,
        sentenceLengthLimit,vocabulary,labelMap);
        subwords=modelData.getFirst();
        expectedOutputs=modelData.getSecond();
        uic.edu.neuralnetwork.lamstar.NeuralNetworklamstar=new
LamstarNeuralNetwork(sentenceLengthLimit,16,2,newBigDecima
l(0.80),LeamingRateMode.CONSTANT,10000,new BigDecimal(0.00001),
isModifiedLamstar);
        lamstar.train(subwords,expectedOutputs);
        unprocessedDataFile=unprocessedDataFiles.get(l);
        preprocessedDataFile=new
File("../TextClassification/src/main/java/uic/edu/textclas
sification/lamstar/data/preprocessedtestingdata.data");
        indexedDataFile=new
File("../TextClassification/src/main/java/uic/edu/textcl(K
sification/lamstar/data/tesUngdata.data")
        modelData=pregrocessAridExtractModelData(unprocessed
         dataFile,
preprocessedDataFile,indexedDataFile,sentenceUngthLimit,
vocabulary,labe(Map));
        subwords=modelData.getFirst();
        expectedOutputs=modelData.getSecond();
```

```
        lamstar.test(subwords,expectedOutputs);
        unprocessedDotaFilcs=new ArrayList<File>0
        uunproc€ssedDataFiles.add(new
File("../TextClassificatiort/src/main/java/uic/edu/textcla
ssification/lamstar/data/unprocessedaggre^atetrainingdata.
Data"));
        unprocessedDataFiles.add(new
File("./TextClassification/src/main/java/uic/edu/textclas
sification/lamstar/data/unprocessedaggrcgatetestingdata.
data"));
        vocabulary=buildVocabulary(unprocessedDataFiles,
        labelMap,3);
        labelMap=new LinkedHashMap<String,String>();
        labelMap.put("Aggregate neighborhood","0 0");
        labelMap.put("Aggregate time"0 l");
        labelMcp.put("Aggregate crime-type","l 0");
        labelMap.put("Aggregate location-type","1 l ");
        unprocessedDataFile=unprocessedDataFiles.get(0);
        preprocessedDataFile=new
File("../TextClassification/src/main/java/uic/edu/textclas
sification/lamstar/data/preprocessedagregatetrainingdata.
data");
        indexedDataFile=new
File("../TextClassification/src/main/java/uic/edn/textcla
ssification/lamstar/data/aggregatetrainingdata.data");
        modelData=preprocessAndExtractModelData(unprocessed
DataFile,preprocessedDataFile,indexedDataFile,sentenceLeng
thLimit,vocabulary,labelMap);
        subwords=modelData.getFirstO;
//expectedOutputs=modelData.getSecondO;//
//uic.edu.neuralnetworklamstar.NeuralNetworkaggregateLamstar=new
LamstarNeuralNetwork(sentenceLengthLimit,16,2,new BigDecim
al(0.80),
LearningRateMode.CONSTANT,10000,newBigDecimal(0.00001),
true);
```

```
//aggregateLamstar.train(subwords,expectedOutputs);
//unprocessedDataFile=unprocessedDataFiles.get(l);
//preprocessedDataFile=new
File(" ../TextClassification/src/main/jcivci/uic/edu/text
clcissificationAamstar/data/preprocessedaggregatetestingda
ta.data");
// indexedDataFile=new
File("..//TextClassification/src/main/jaya/uic/edu/textcla
ssification/lamstar/data/aggrega/tetestingdata.data");
       modelData=preprocessAndExtractModelData
       (unprocessedD<UaFHe,
preprocessedDataFile,indexedDataFile,sentenceLengthLimit,
vocabulary,labelMap);
       subwords=modelData.getFirst();
       expectedOutputs=modelData.getSecond();
       aggregatelamstar.test(subwords,expectedOutputs);
       unprocessedDataFiles=new ArrayList<File>();
       unprocessedDataFiles. add(new File
("../TextClassification/src/main/java/uic/edu/textclassific
ation/lamstar/data/unprocessdaggregatetrainingdata.data"));
       unprocessedDataFiles. add(new
File{"/TextClassification/src/main/java/uic/edu/textcl
assification/lamstar/data/mprocessedfiltertestingdata.
data"));
       vocabulary=buildVocabulary(unprocessedDataFiles,
       labelMap, 3);
       labelMap = new LinkedHashMap<String, String>();
       labelMap.put("Filter neighborhood", "00");
       HlabelMap.put("Filtertimen","0 l");
//labelMap.put("Filter crime-type","1 0");
//labdMap.put("Filter location-type' "1 1");
//unprocessedDataFile=unprocessedDataFiles.get(0);
//preprocessedDataFile=new
```

```
File("../TextClassification/src/main/java/uic/edi4/textcla
ssification/lamstar/data/preprocessedfiltertrainingdata.da
ta");
      indexedDataFile=new
File("../TextClassification/src/main/java/uic/edii/textcla
ssification/lamstar/dcaci/filtertrainmgdata.data");
modelData=preprocessAndExtractModelData(unprocessedDataFile,
preprocessedDataFile,indexedDataFile,sentenceLengthLimit,
vocabulary,labelMap);
//subwords=modelData.getFirstO;
//expectedOutputs=modelData.getSecondO;
//uic.edu.neuralnetwork.lamstar.NeuralNetworkfilter
//Lamstar=new
LamstarNeuralNetwork(sentenceLengthLimit,16,2,new BigDecimal
(0.80),
LeamingRateMode.CONSTANT,10000,newBigDecimal(0.00001),
true);
      filterLamstar.train(subwords,expectedOutputs);
      unprocessedDataFile—unprocessedDataFiles.get(l);
       preprocessedDataFile=new
File(". /TextClassification/src/main/java/uic/edu/textclass
ification/lamstar/data/preprocessedfiltertestingdata.data");
indexedDataFile=new
File(". /TextClassification/src/main/java/uic/edu/text
classification/lamstar/data/filtertestingdata.data");
modelData=preprocessAndExtractModelData(unprocessedDataFile,
PreprocessedDataFile,indexedDataFile,sentenceLengthLimit,
vocabulary,labelMap);
//subwords=modelData.getFirst();
//expectedOutputs=modelData.getSecond();
filterLamstar.test(subwords,expectedOutputs);
```

```
    Public static
Pair<List<List<List<BigDecimal>>>,List<List<BigDecima>>>
PreprocessAndExtractModelData(fileunprocessedDataFile,File
processedDataFile,File
IndexedDataFile,intsentenceLengthLimit,LinkedHashMap<Strin
g,String>vocabulary,
       LinkedHashMap<String,String>unprocessedData=new
       List<String>preprocessed=preprocess(unprocessedData,
       labelMap,sentenceLengthLimit);
       write(preprocessed,preprocessedDataFile);
       List<String>indexed=extractIndex(preprocessed,
       vocabulary);
       write(indexed,indexcdDataFilc);
       LinkedHashMap<List<BigDecimal>,List<BigDecimal>>
       inputOutputMap=Parser.ParsefindexedDataFile();
       List<List<BigDecimal>>inputs=new
ArrayList<List<BigDecima>>(inputOutputMap.keySet());
       List<List<List<BigDecimal>>>subwords=Parser.
       toSubwords(inputs,16);
       List<List<BigDecimal>>expectedOutputs=new
ArrayList<Lis1<BigDecimal>>(inputOutputMap.values);
    return new Pair<List<List<List<BigDecimal>>>,List<List
   <BigDecimal>>>(subwords,expectedOutputs);
     public static LinkedHashMap<String,String>buildVocabulary
     (List<File>unprocessedDataFiles,LmkedHashMap<String,
     String>labelMap,int sentenceLengthLimit){
       List<String>preprocessed=new ArrayList<String>();
       for(File unprocessedDataFile:unprocessedDataFiles){
       LinkedHashMap<String,String>unprocessedData=new
DynamicTextReader(mprocessedDataFile).readMapping();
       List<String>preprocessedData=preprocess(unprocessedData,
labelMap,sentenceLengthLimit);
       preprocessed.addAll(preprocessedData);
}
     return dataToIndex(preprocessed);
```

```
    public static void write(List<String>data,File outputFile){
      FileUtil.deleteFile(outputFile);
      DynamicTextWriter writer=new DynamicTextWriter
      (outrmtFile,DynamicTextWriter.APPEND ON);
      writer.write(data.toArray(new String[data.size()]),"\");
      publicstaticlist<Strin>PreProces(LmkedHashMap<String,
String>unprocessedDnkedHashMap<String,String>labelMap, int
sentenceLengthFilter){
      File stopWordsFHe=new
File(" /TestClassfication/src/main/java/uic/edu/textclas
sification/lamstar/data/contraction.txt");
      List<String>stopWords=newDynamicTextReader(stopWords
File).readList();
      File contrationWordsFile=new
File(" /TestClassfication/src/main/java/uic/edu/textclas
 sification/lamstar/data/contraction.txt");
      LinkedHashMap<String,String>contractions=new
DynamicTestReader(contractionWordsFile).readMapping();


      List<string>preprocessed=new ArrayList<String>();
      for(String line:unprocessedData.keySet()){
              String processed=line.toLowerCase();
              processed=ParserUtil.replaceLineTokens
              (processed,contractions);
              processed=ParserUtil.removeLineTokens
              (processed,stopWords);
              processed=ParserUtil.lemmatize(processed);
              processed=ParserUtil.removeSpecial
              Characters(processed);
              processed=PunctuationUtil.remove
              Allpunctuation(processed);
              int sentenceLength!=processed.split("").
```

```
                length;
                if(sentence Length!=sentenceLengthFilter)
                continue;
                preprocessed.add(processed);
                preprocessed.add(labelMap.get
                (unprocessedData.get(line)));
}
        return preprocessed;
}


    public static LinkedHashMap<String.String>dataToIndex
    (List<String>data){
        int j=1;
      LinkedHashMap<String.String>vocabulary=newLinked
      HashMap<String.String>();
      for(int cnt =0;cnt<data.size();cnt++){
      String line=data.get(cnt);
      if(cnt%2==1)continue;
                   String[]tokens=line.split("")
                   for(String token:tokens){
                       String index=vocabulary. get(token);
                             if(index==null){String
binary=CommonUtils.toBinary(j++,16);
vocabulary.put(token.binary);
                                   }
                     }
           }
           return vocabulary;
}
  public static List<String>extractIndex(List<String>data,


LinkedHashMap<String,String>vocabulary){
                    for(int cnt=0;cnt<data.size();cnt++){
```

```
                                        String line=data.get(cnt)
                                        if(cnt%2==1)continue
                                        String[]tokens=line.
                                        split("");
                                        String indexed="";
                                        for(String token:token)
            indexed=indexed +vocabulary.get(token)+" ";
            indexed=indexed.substring (0,indexed.length()-1);
                    data.set(cnt, indexed);
               }
                 return data;
            }
}
```

第2部分(SVM)

```
ClassiferHelp.java
package nip.cs.uic.edu.Classifier,classifier;


import java.cuio.File;
import java.utilArrayList;


import nip.cs.uic.edu.Classifier,shared.Text Reader;
import weka.classifiers.Classifier;
import weka.classifiers.Evaluation;
import weka.classifiers.evaluation.NominalPrediction;
import weka.classifiers.evaluation.Prediction;
import weka.classifiers.functions.SMO;
import weka.core.Instances;
import weka.core.tokenizers.NGram Tokenizer;
import weka.filters.Filter;
import weka.filters.unsupervised.attribute.StringTo
WordVector;
```

```
public class ClassifierHelper{
   public static void classify(File file){
     //Set the tokenizer
     NGram Tokenizer tokenizer=new NGram Tokenizer();
     tokenizer.setNGram MinSize(1);
     tokenizer.setNGram MaxSize(1);
     tokenizer.setDelimiter(Wn);


     Instances dataset=dataSet(file);
     String ToWordVectorfilter=new StringToWordVector();
     try{
     filter.setlnputFormat(dataset);
     } catch(Exceptionel) {
     el.printStackTrace();
     }
     filter.setTokenizer(tokenizer);
     filter.setWordsToKeep(1000000);
     filter.setDoNotOperateOnPerClassBasis(true);
     filter.setLowerCaseTokens(true);


     Instances outputset-null;
     //将输入实例过滤到输出实例
     try{
        outputset=Filter.use Filter(dataset.filter);
       }catch(Exceptionel) {
   //TODO Auto-generated catch block
          el.printStackTrace();
     }
     //做10次分裂交叉验证
     Instances[][]split=crossValidationSplit(outputset,10);
```

```
    Instances[][]trainingSplits=split[0];
    Instances[][]testingSplits=split[1];


    Classifier supportVectorMachineClassifier=new SMO();
    Arraylist<Prediction>predictions=new ArrayList
    <Prediction>();
    for(int row=0;row<trainingSplits.length;row++){
       try{
          Evaluation validation=
ClassifisrHelper.classify(supportVectorMachineClassifier,
trainingSplitsfrow,testingSplits[row]);
          predictions.addAll(validation.predictions());
          System.out.println(supportVectorMachineClassifier.
          toString());
          } catch(Exceptione){
//TODO Auto-generated catch block
          e.printStackTrace();
          }
         }
          double accuracy=accuracy(predictions);
          System.out.println("Accuracy of" +
supportVectorMachineClassifier.getClass().getSimpleName()+n
                          +String.formatC%.2f/0%",accuracy"
                          +n\n"----------------------");
   }
   public static Instances dataSet(File file){
          return TextReader.read(file);
}
   public static Evaluation classiJy(Classifier model,
Instances trainingSet,InstancestestingSet)throws Exception
{
          Evaluation evaluation=new Evaluation(trainingSet);
```

```
            model.buildClassifier(trainmgSet);
            evaluation,evaluateModel(model,testingSet);


            return evaluation;
}


    public static double Occuracy(ArrayUst<Prediction>
    predictions){
          double correct=0;
    for (int i=0; i<predictions.size();i++) {
          NominalPrediction np=(NominalPrediction)
          predictions.get(i);
          if(np.predicted()==ty.actual()){
            correct++;
        }
}
     return 100*correct/predictions.size();
}
public static Instances[][] crossValidationSplit(Instances
data,int numberOfFolds){
     Instances[][] split=new Instances[2][numberOfFolds];
     for(int i=0;i<numberOfFolds;i++) {
          split[0][i]=data.trainCV(numberOfFold);
          split[1][i]=data.testCV(numberOfFolds);
        }
     result split;
       }
    }
```

Can you show me in separate windows?	Windows Management
I don’t need this chart, can you move it?	Windows Management

I want to keep this one.	Windows Management
This one is not useful in my purpose.	Windows Management
Can you widen the x-axis?	Windows Management
Can we remove this graph?	Windows Management
Can we remove the 02-P_N _G graph?	Windows Management
Can we see the 01-P_N _G one?	Windows Management
Sony, can you minimize U_I_C?	Windows Management
So can we remove this graph from the screen?	Windows Management
Can we align the 2013 graph so it's easier?	Windows Management
Can you place the plot where it was on the screen?	Windows Management
Ok so can you close all these graphs	Windows Management
Can I look at 10-3-P N G plot?	Windows Management
Sorry, could you make it a little smaller?	Windows Management
Could you stack them on the side?	Windows Management
Could you move it over just a little bit?	Windows Management
Can you show me separate graphs by year?	Windows Management
Can I like save it or put it over there?	Windows Management
You can close these g r a tis as I won't be needing them anymore.	Windows Management
Yeah I don't need this one here.	Windows Management
Did we have a graph around here for that?	Windows Management
Could you maximize the Loop map?	Windows Management
Can you bring up the 02-5-P_N_G and 02-4-PNG?	Windows Management
Can you show me the distribution of crime-type?	Based on data
Can you do number-of-crime for month-of-year?	Based on data
Can you show me the number-of-crime in each year?	Based on data
Can you show me the number-of-crime based on location-type?	Based on data
What about number-of-crime according to day-of-the-week?	Based on data
With this graph I want to know which time-of-day is the number-of-crime very high?	Based on data
Can you have crime-type for month-of-year?	Based on data
Can you give analysis through the day-of-week?	Based on data
Can you give me that graph of the crime-type each year?	Based on data
Can we see all number-of-crime by each neighborhood?	Based on data

During what time-of-day is the number-of-crime maximum?	Based on data
Ok so what crime-type is the number-of-crime?	Based on data
Ok is there a map of where the crimes occurred in those neighborhoods?	Based on data
Could I see number-of-crime by month-of-year?	Based on data
Could you get this number-of-crime information by crime-type?	Based on data
Is there a graph for just all four neighborhoods?	Based on data
Can you show me burglary and assault?	Based on template
Can we see the map with deceptive-practice?	Based on template
Can we have the map of thefts?	Based on template
Could I get these same charts but just for battery?	Based on template
Can we just focus on Loop for this data?	Based on template
So let's look at 12-P_M to 6-P_M block in terms of number-of-crime.	Based on template
Can we just focus on Loop for this data?	Based on template
So let's look at 12-P_M to 6-P_M block in terms of number-of-crime.	Based on template

C.14 语言识别

第1部分(CNN)

```
COMPUTATIONAL LANGUAGE USED:MATLAB
Main.m
clc;
clear all;
Fs=16000;
[TrainD ata,TestD ata]=ReadData;
CharData=[('Violer','Blue','Green','Yellow','Orange','Red',
'White','Black','Pink','Brown')];


for k=1:150
t=0.04
    j=1;
    for i=1:16000
```

```
        if(abs(TrainData(i))>t)
            y1(j)=TrainData(i);
            j=j+1;
        end
  end
y2=y1/(max(abs(y1)));
y3=[y2,zeros(1,1500-length(y2))];
y=filter([1-0.95],1.y3');%预加重过滤器

%%帧阻塞
blocklen=400; %25ms block
overlap=160;
block(1,:)=y(1:400);
for i=1:18
block(i+1,:)=y(i*240:(i*240+blocklen-1));
end
w=hamming(blocklen);
yl=w*y
p=12;% 没有系数
Mscoeff(i,:)=mfscf(p,x(i),16000); %谱系数
end
rand(state',0)
cnnAayers={
  struct('type','i')%inpmt layer
  struct('type','c','outputmaps',4,,kem elsize,,1)%
  convolution layer
  struct('type','s','scale',2)% M axpooling layer
  struct('type','c,'outputmaps',8,'kemelsize',1)
  %convolution layer
  struct('type','s','scale'2) % M axpooling layer
  struct('type','c,'outputmapsr,12,'kemelsize', 1)%
  convolution layer
  struct('type','f','outputs',10)% fully connected
};
```

```
opts.alpha=0.1;
opts.batchsize=50;
opts.numepochs=10;
train_labe l=zeros(150,1);
test_label=zeros(50,l);
for i=1:150
temp=i%15;
train_labe l=temp;
end
cnn=cnn_setup(cnn,Mscoeff,train_label);
cnn=cnn_train(cnn,Mscoejf,trairt_label,opts);
[er,bad]=crm_test(cnn,testData,test_label);
end


mfscf.m
function[mfccMatrix]=mfcf(numfs,Fs)
%计算并返回语音信号s的mfsc系数
n=512; %FFT点数
Tf=0.025; %帧持续时间
N=Fs*Tf; %样本数
fn=25; %梅尔滤波器数
l=length(s);%语音符号的总数
Ts=0.01; %以秒为单位
FrameStep=Fs*Ts; %样本内帧步骤
a=1;
b=[1.-0.97];%a和b是高通滤波器系数
noFrans=floor(l/FrameStep);%语音样本的最大帧数
FMatrix=zeros(noFrames-2,num);%保留倒谱系数的矩阵
lifter=1:num;
lifter=1+floor((num)/2)*(sin(lifter*pi/num));


if mean(abs(s))>0.01
    s=s/max(s);%标准化micvol差异的正态分布
```

```
end
%将信号分割成重叠帧并计算MFCC系数
for i=1:noFrames-2
%保持单个框架
    frame=s((i-1)*FrameStep+1:(i-1)*FrameStep+N);
    Ce1=sum(frame.^2);%帧能量
    Ce2=max(Ce1,2e-22);%增加到-22
    Ce=log(Ce2);
    framef=filter(b,a,frame); %高通预加重滤波器
    F=framef.*hamming(N); %每一帧带汉明窗相乘
    FFTo=ffi(F,N); %计算ffi
    melf=melbcmkm(fh,n,Fs); %创建24个过滤器，和梅尔过滤器库
    halfn=l+floor(n/2);
    spectrl=loglog(melf^abs(FFTo(J:halfn)).^2);
    %结果为梅尔尺度的过滤
    spectr=max(spectrl(:),le-22);
    mfscMatrix(i,:)=spectr; %为连续的行分配mfsc coeffs
end


function[TrainData,TestData]-ReadData;
neuralData=load(speechJatasetm af); % this file has the 200
%input signals i.e. 20 different speakers
for i=1:15
for j=1:10
TrainData(i,:)=neuralData(i,j);
  end
end
for i=5:20
  for j=1:10
    TestData(i,:)* neuralData(i,j)>
  end
  end
  end
```

```
cnn.setup.m
function net=cnn_setup(net,x,y)
%cnn
  inputmcqys=1;
  [dl,d2,~]=size(x);
  mapsize=[dl,d2];
  for l=1:numel(net.layers)
    if strcmp(net.layers{l}.type,'s')
      mapsize=mapsize/net.layers{l}.scale;
  for i=l:inputmaps
      net.layers{l}.bias{i}=0;
    end
  end
  if strcmp(net.layers{l}.type,'c')
    mapsize=mapsize-net.layers{l}.kernelsize+l;
    in=inputmaps*net.layers{l}.kemelsize^2;
    out=net.layers{l}.outputmaps*net.layers{l}.
    kemelsizeA2;
    for j=l:net.layers{l}.outputmaps
    for i=l:irqmtmaps
      net.lqyers{l}.kernel{i}{j}=(rand(net.lqyers{l}.
      kemelsize)-0.5)*2*sqrt(6/(in+out));
end
      net.layers{l}.bias{j}=0;
    end
      inputmaps=net.lexers{l}.outputmaps;
    end
end
fvnum=prod(mapsize)*inputmaps;
onum=size(y,1);

net.ff_bias=zeros(onum,1);
net.ff_weight=(rand(onum.fvnum)-0.5)*2*sqrt(6/fvnum
+onum);
```

```
end


cnn_train.m
function net=cnn_train(net.x,y,opts)
%cnn
m=size(x,3);
INTERRUPTED
......
CONTINUED HERE


cnn_ff.m
function net=cnn_ff(net.x)
%cnn n=numel(net.layers);
  net.layers{1}.out{1}=x;
  inputmaps=1;
  for 1=2:n
 if strcmp(net.layers{l}.type,'c')%net.layers{I}.outputmaps
  for j=1:net.layers{l}.outputmaps
    z=zeros(size(net.layers{l-1}.out{l})-[(net.layers{l}.
    kemelsize)-l(net.layers{l}.kemelsize)-10]);
  for i=1:inputmaps
    z=z+convn(net.layers{l-
1}.out{i}.net.layers{l}.kernel{i}{j},'valid'
end
    net.layers{l}.out{j}=sigm(z+net.layers{l}.bias{j});
    %Sigmoid
    end
    inputmaps=net.layers{I}.outputmaps;
  else if strcmp(net.layers{l}.type,'s')
    for j=l:Anputmaps%
    z=convn(net.layers{l-l}.out{j},ones(net.layers{l}.
    scale)/net.layers{l}.scale^2,'valid');
    net.layers{l}.out{j}=z(l:net.layers{l}.scale:end,
```

```
    l:net.layers{l}.scale:end,:);
    end
  end
end
net.fv=[];
%重塑
    for j=1:numel(net.layers{n}.out)
  s=size(net layers{n}.out{j});
      net.fv=[net.fv;reshape(net.layers{n}.out{j},s(1)*s(2),
      s(3))];
    end
    net.out=sigm(net.ff_weight*net.fv+repmat(net.ff_bias,
    1,size(net.fv,2)));
End


cnn_bp.m
function net=cnn_bp(net,y)....
```

第2部分(LAMSTAR)

```
main.m
clc;
clear all;
Fs=16000;
[TrainData,TestDataJas,ReadData];
CharData=[('Violer','Blue','Green','yellow','Orange','Red',
'White','Black','Pink','Brown')];
  for k=1:150
  t=0.04;
  j=1;
  for i=1:16000
    if(abs(TrainData(i))>t)
        y1(j)=TrainData(i);
        i=j+1;
```

```
    end
end
y2=y1(max(abs(y1)));
y3=[y2,zeros(1,1500-length(y2))]
y=filter([1-0.95],1,y3');%预加强滤波器
%%帧阻塞
blocken=400; %25ms阻塞
overlap=160;
block(1:)=y(1:400);
for i=1:18
    block(i+1,:)=y(i*240:(i*240+blocklen-1));
end
p=12;
Mcoeff(i,:)=mfccf(p,y(i),16000);
end;
Nsom=20;
NneuronSub=12;
NneuronSOM=10;
SOMS=SelfOrganizedMap;
end
```

```
mfccf.m
function[mfccMatrix]=mfcf(num,s,fs)
%计算并返回语音信号的mfcc系数
n=512;%FFT点数
Tf=0.025%以秒为单位的时间
N=Fs*Tf;%每帧样品的数量
fn=25;%melfilters数量
l=length(s); %语音样本总数
Ts=0.01; %以秒为单位
FrameStep=Fs*Ts; %样本内帧步骤
a=1;
b=[1,-0.97]; %a和b是高通滤波器系数
noFrames=floor(l/FrameStep); %语音样本的最大帧数
```

```
FMatrix=zeros(noFrames-2,num); %保留倒谱系数的矩阵
lifter=l:num; %升降机向量索引
lifter=l+floor((num)/2)*(sin(lifier*pi/num));
                  %raisedsine升降机版本


if mean(abs(s))>0.01
s=s/mca(s); %补偿mic vol差异的正态分布
end
%将信号分割成重叠帧并计算MFCC系数
for i=1:noFrames-2
frame=s((i-l)*FrameStep+l:(i-l)*FrameStep+N);
%保持单个框架
Cel=sum(frame.A2); %帧能量
Ce2=max(Cel,2e-22); %floors to 2 X 10 raised to power -22
Ce=log(Ce2);
framef=filter(b,aframe);%高通预加重滤波器
F=framef*hamming(N);
%每一帧带哈明窗相乘
Melf=melbankm9(fn,n,Fs);%计算fft
melf=melbankm(fn,n,Fs); %创建24个过滤器，梅尔过滤器库
halfn=l+floor(n/2);
spectrl=log10(melf*abs(FFTO(l:halfh)).^2);
%结果为梅尔尺度的过滤
spectr=max(spectrl(:),le-22);
c=dct(spectr); %获得DCT，修改到倒序域
c(1)=Ce; %替换第一个系数
coeffs=c(l:num); %保留第一个num系数
ncoeffs=coeffs.Vifter'; %用升降器值乘系数
mfccMatrix(i,:)=ncoeffs'; %为连续的行分配mfec计算式
end


%Lamstar神经网络
function SOM=SelJOrganizedMap
```

```
  SelfOrgcmizingMap[] SOMCollection;
  SelfDrganizingMap_OutpiitNevron;
  LinkWeight[][]=0;
    currentSOM=0;
  Train(irput)
    datasets=input.lengfh;
    size=irqmt[1].length;
    SOMCollection=new SelJOrganizingMap[20];
  for i=0:SOMCollection.length
      SOMCollection[i]=new SelfOrgcmizingMap(12,datasets);
    OutputNeuron=new SelfOrganizingMap(20,datasets);
    LinkWeight=new double[2 0][datasets];
    WinCount=new int[2 0][datasets];


    Subwords=new double[2 0][datasets][12];
  for snbwordlndex=1:20
  for Setlndex=1:datasets
    SubwordsfsubwordIndex][SetIndex]^splitInput(input
    [Setlndex],subwordIndex);
end
  for subwordlndex=1:20
    out=Subword+subwordIndex;
  for SetIndex=0:datasets


  for 1=0:12
    out=Subwords([subwordlndex][Setlndex][i]);
end
end
end
end
```

C.15 音乐流派分类(CNN)

```
%;连接权值
for i=1:LinkWeight.length
for i=1:LinkWeight[i].length
  Test(double(input));
  FinalSet=new (double[2 0]);
for subwordlndex=l:20
  firingNeuron=0;
firingNeuron=SOMCollection[subwordIndex].winner(splitInput
(input,subwordIndex));
FinalSetfsubwordlndex]=LinkWeight[subwordlndex]
[firingNeuron];
end
%实验结果
  result=OutputNeuron.winner(FinalSet);
end
end
    splitlnput(double(input,x));
    subword()=new_double(l 2);
index=0;
for i=x*12:(x+l)*12
    subword[index++]=input[i];
end
    punish(neuronNumber) {
    LinkWeight[currentSOM][neuronNumber]==0.5;


    reward(neuronNumber) {
    LinkWeight[currentSOM][neuronNumber]+=l;
      WinCount[currentSOM][neuronNumber]+=1;
      for i=l:LinkWeight[currentSOM].length
if(i!=neuronNumber)
    punish(i);
end
end
end
```

```
File1
import sys,os.path,json
import gaia2.fastyamlasyaml
from optparse import OptionParser
def convert_jsonToSig(filelist_file,result_filelist_file):
    fl=yaml.load(open(filelist_file,'r'))
    result_fl=fl
    errors=[]
    for trackid,json_file in fl.Ateritems():
        try:
            data=json.load(open(json_file))
            if'tags' in data[metadata']:
                del data['metadata']「'tags']
            if 'smpl_rt' in data['metadata']['audio_prop']:
                del data['metadata']['audio_prop']['smpl_rt']
            sig_file=os.path.splitext(json_file)[0]+'.sig'
            yaml.dump(data,open(sig_file,'W'))
            result_fl[trackid]=sig_file
        except:
            errors+=[json_file]
            yaml.dump(result_fl,open(result_filelist,'w'))
            print"Failed to convert",len(errors),"filer:"
    for e in errors:
        print e
    return len(errors)==0
if__name__='__main__'
    parser=OptionParser(usage='%prog[options]filelist_
    file, result_filelist_file\n'+)
    %将 filelis_file 中的 json 文件转换为*.sigyamlfile 结果文件被
    %写入原来文件所在的 scitnc 目录中
```

```
    options,args=parser.parse_args()
    try:
        filelis=args[0]
        result_filelist_file=args[1]
    except:
        parser.print_help()
        sys.exit(1)
    convert_JsonToSig(filelistfile,result_filelist_file)


File2
def dumpFeaturesIntoJson(recordingID,jsonOutputFolder,genre):
    url='http://marsyasweb.appsf>ot.com/download/data_sets?
    +recordinglD+'/low-level'
    response=urllib.urlopen(url).read()
    try:
        lowlevel=json.loads(response)
        outputFilename=jsonOutputFolder+'/'+genre+'/'+
        recordingID+'json'


        withopen(outputFilename,V+V as outfile:
        json.dump(lowlevel,outfile)
        return True
    except:
        return False#print low level


File3
def b_l(featureDict):
    return
featureDict['rhythm']['b_l']['median']


def dis(featureDict):
```

```
    return
featureDict['lowlevel']['dis']['median']


def t_d(featureDict):
    return
featureDict['tonal']['''t_d_strength']


def t_e_t(featureDiet):
    return
featureDict['tonal']['t_e_t_deviation']


def readThem2List(jsonPath):
    with open(jsonPath) as data_file:
        data=json.load(data_file)
        bl=b_l(data)
        ds=dis(data)
        td=t_d(data)
        te=t_e_t(data)


    return bl,ds,td,te
File4
def groundtruthMaker(className,groundtruthDict):
    rDict={}
    rDict['className']=className
    rDict['groundTruth']=groundtruthDict
    rDict['type']='singleClass'
    rDict['version']=1.0
    #rStr='className:'+className+'W+groundtruthStr
    +'n'+'type:singleClass'+'n'+'version:1.0'
    return rDict
```

```
File5
import compmusic as cm
import os
from os import listdir
from os.path import isfile,join


def jingjuRecordingIDreader(folder):
    mp3Files=[]
    recordingIDs=[]
    for name in listdir(folder):
        if not name.startswith('.'):
            name=" / Users / Chinmayi / Documents / Neurcd
            /Classical/No.5/" + name + "/"
        files=[join(name.f) for f in listdir(name) if isfile
        (join(name.f))andf.endswith('mp3')]
        mp3Files=mp3Files+files
        ii=1
        lengh=len(mp3Files)
        for f in mp3Files:
            recordingIDs.append(cm.file_metadata(f)['meta']
            ['recordingid']))
            print'reading recording ID',ii,'of total',length
            ii+=1
    return recordingIDs


File6
import cotnpmusic as cm
from compmusic import dunya as dy


dy.corm.setjoken('0186a989507de593d7e83e530a7a5cl280507217')
def rockRecordinglDfetcher():
```

```
' this function get all recordingIDs for all rock artistis
no need to query concerts for the recording IDs,because the rock
  api is well developped'
    #找艺术家
    jazzArtist=du.jazz.get_artists()


    #找艺术家
    jazzMBIDs=[]
    for rockArtist in rockArtists:
        rockMBlDs.append(rockArtist['mbid'])


    #获取 ID 记录
    rockRecordingIDs=[]
    ii=1
    length=len(rockMBIDs)


    print'fetching rock recording Ids.....'
    for mbid in rockMBlDs:
        rdic=dy.rock.get_artist(mbid)
        rdic=rdic['recordings']


    if len(rdic)!=0:
        for recording in rdic:
            rockRecordingIDs.append(recording['mbid'])


    print'fetching rock artist number' ii, 'of total'length
    #if ii/float(length)>jj/20:
    #jj+1
    ii+=1
```

```
    return rockRecordingIDs
def jazzRecordingIDfetcher():
    #此函数获取所有爵士乐艺人的所有 ID，不需查询音乐会的唱片 ID,
    #因为爵士乐的 API 开发得很好
    #寻找艺术家
    jazzArtists=dy.jazz.get_artists()


    #寻找艺术家
    jazzMBIDs=[]
    for jazzArtist in jazzArtists:
        jazzMBIDs.append(jazzArtist['mbid'])
            #得到记录
            jazz recordingIDs=[]
            ii=1
            length=len(jazzMBIDs)


    print 'fetching jazz recording Ids.......'
    for mbid in jazzMBIDs:
        rdic=dy.jazz.get_artist(mbid)
        rdic=rdic['Recordings']


        if len(rdic)!=0:
            for recording in rdic:
                jazzRecordingIDs.append(recording['mbid'])


    print'fetching jazz artist number',ii,'of total',length
    #if ii/float(length)>jj/20:
    #print'fetched',jj,'/',20
    #jj+=1
    ii +=1
```

```
    return jazzRecordinglDs


def classicalRecordingIDfetcher():
    "此函数获取所有 Markam 工件的所有记录 ID。我们需要先查询版本"


    #寻找艺术家
    classicalArtists=dy.classical.get_artists()
    classicalMBIDs=[]
    for classicalArtist in classicalArtists:
       classicalMBIDs.append(classicalArtist['mbid'])
    #得到 ID 记录
    classicalRecordingIDs=()
    ii=1
    length=len(classicalMBIDs)
    print'fetching classical recording Ids......'
    for mbid in classicalMBIDs:
       rdic=dy.classicaLget_artist(mbid)
       # print rdic


       if'releases'in rdic:
          rdic=rdic['releases] #release of the artist


       if len(rdic)!=0:
       for release in rdic:
             releaseDict=dy.classical.getreleasefrelease
              ['mbid'])
              recordingArray=releaseDict['recordings']
              #recordings of the release
       if len(recordingArray)!=0:
    for recording in recordingArray:
       classicalRecordingIDs.append(recording['mbid'])
```

```
    print'fetching markam artist number',ii,'of toted',length
    ii+=1
    return classicalRecordingIDs
C.16 信用卡欺诈检测(LAMSTAR-2)
ModifiedLamstarNetwork.m
% function lamstar=ModifiedLamstarNetwork(inputData,
extraData,train extra)
lamstar=[];
lamstar.SOMs=[];
numSubwords=16;
% lamstar.OutputNeurons=zeros(20,numSubwords);
LinkWeightl=zeros(20,numSubwords);
LinkWeight2=zeros(20,numSubwords);
% defaultWeight=[];
% defaultWeight=[defaultWeight -10];
% defaultWeight=[defaultWeight 10];
% offset=(defaultWeight(l)+defaultWeight(2))/2.0;
% range=abs(defaultWeight(2)-defaultWeight(l));
% linbveightl=(rand(numSubwords,l)-0.5)*range+offset;
% linkweight2=(rand(numSubwords,l)-0.5)*range+offset;
% lamstar.OutputNeurons=[lmkweightl linkweight2];


tolerance=0.05;
trainingData=generateLamstarData(inputData,1,4,1);
trainingData(4).data=train_extra;
numGroup^size(trainingData,2);
SOMs=[];
default Weight=[];
default Weight=[defaultWeight 0];
default Weight=[defaultWeight 1];
alpha=0.8;


%训练网
```

```
for i=1:numGroup
    numCases=size(trainingData(i).data,2);
    groupData=traimngData(i).data;
    for j=1:numCases
    data=groi4pData(j).input;
    output=groupData(j).output;
%神经元权重
if i==1&&j==1
    for k=1:numSubwords
    neurons=[];
    SOM=[]
    subword=data(k,:);
    offset=(defaultWeightt(1)+defaultWeightt(2))/2.0;
    Range=abs(defaultWeightt(2)-defaultWeightt(1));
    weight=(rand(1,8)-0.5)*range+offset;
    weight=weight./norm(weight);
    weight=weight+alpha.*(subword-weight);
    weight=weight./norm(weight);
    neuron.weight=weight;
    neuron.win=1;
    neurons=[neurons neuron];
    SOM.neurous=neurous;
    SOM.number=k;
    SOM.winNeuron=1;
    SOM.value=weight*(subword');
    SOMs=[SOM SOM];
      if(output(1,1)>0.95)
       LinkWeight1(1,k)=0.05*20;
      else
      LinkWeight1(1,k)=-0.05*20;
end
      if(output(l,2)>0.95)
      LinkWeight2(l,k)=0.05*20;
      else
        LinkWeight2(l,k)=-0.05*20;
```

```
    end
      LinkWeight1(l,k)-LinkWeight1(1,k)/l;
      LinkWeight2(l,k)=LinkWeight2(1,k)/l;
    end
    lamstar.SOMs=SOMs;


else
for k=1:numSubwords
     neuronIndex=1;
     subword=data(ik,:);
     SOM_old=SOMs(k);
     numNeurons=size(SOM_oldneurons,2);
     flag=0;
     for s=1:numSubwords
   z=SOM_old.neurons(s).weight*(subword');
 if abs(1-z)<tolerance
        SOM=SOM_old;
        SOM.winNeuron=s;
        SOM.value=z;
SOM..neurons(s).win=SOM.neurons(s).win+1;
      SOMs(k)=SOM
        flag=1;
        neuronlnderx=s;
        break;
    end
end
    if flag==0
   offest=(defaultWeight(1)+defaultWeight(2))/2.0;
        range=abs(defaultWeight(2)-defaultWeight(1));
        weight=(rand(1,8)-0.5)*range+offest;
        weight=weight./norm(weight);
        weight=weight+alpha.*(subword-weight);
        weight=weight./norm(weight);
        neuron.weight=weight;
```

```
      neuron.win=1;
      neurons=SOM_old.neurons;
      neurons=[neurons neuron];
      SOM=[]
      SOMs(k).neurons=neurons;
      SOMs(k).mnNeuron=(numNeurons+1);
      SOMs(k).value=weight*(subword');
        %SOMs(k)=SOM
        neuronIndex=(numNeurons+1);
    end
    if(output(1,1)>0.95)
      LinkWeightl(neuronlndex,k)=LinkWeightl(neuronlndex,
     k)+0.05*20;
  else
LinkWeightl(neuronIndex,k)=LinkWeightl(neuronlndex,k)-0.05*20;
  end
    if(output(1,2)>0.95)
    LinkWeight2(neuronIndex,k)=LinkWeight2(neuronIndex,k)
    +0.05*20;
  else
    LinkWeight2(neuronIndex,k)=LinkWeight2(neuronlndex,k)
    -0.05*20;
  end
    LinkWeightl(neuronlndex,k)=
    LinkWeightl(neuronIndex,k)/(SOMs(k).neurons
    (neuronIndex).win);
    LinkWeight2(neuronIndex,k)=
    LmkWeight2(neuronlndex,k)/(SOMs(k).neurons
    (neuronlndex).win);
  end
  lamstar.SOMs=SOMs;
  end
  lamstar.linkweightl=LinkWeightl;
  lamstar.linkweight2=LinkWeight2;
  end
```

```
end


%测试
testingData=generateLamstarData(inputData,30,40,2);
% testingData=generateLamstarExtraData(extraData,2,40,2);
numGroup=size(testingData,2);
correct_number=0;
for i=1:numGroup
  numCases=size(testingData(i).data,2);
  groupData=testingData(i).data;
  forj=1:numCases
    data=groupData(j).input;
    output=groupData(j).output;
    suml=0;
    sum2=0;
  for k=1:numSubwords
    neurons=lamstar.SOMs(k).neurons;
    numNeurons=si2e(neurons,2);
    subword=data(k,:);
    zmax=0;
    z_index=1;
    for s=1:numNeurons
      weight=rteurons(s).weight;
      z=weight*(subword');
      if(zmax<z)
        zmax=z;
        z_index=s;
    end
  end
  suml=suml+lamstar.linkweightl(zindex,k);
  sum2=sum2+lamstar.Iinkweight2(zindex,k);
end
if suml>0
ans(l,l)=1;
```

```
else
ans(1,1)=0;
end
if sum2>0
ans(1,2)=1;
else
ans(1,2)=0;
end
diff=abs(ans-output);
if diff<0.01
correct_number=correct_number+1;
else
end
end
end
numCases=size(testingData(1).data,2);
correct_number=correct_num ber*1.0/numGroup/numCases*100;
result=[num2str(correct_number),'%'];
display(result)
end
```

C.17 从测试钻井的渗透率数据预测石油钻探位置

```
% 加载数据
[input,inp_headers]=xlsread('well_619_IP_TRG','Input;');
[output,out_header]=xlsread('well_619_IP_TRG','Target');
trnind=ceil(size (input,1)*3/4);


trninp=input(1:trnind,:);
tstinp=input(trnind+1:end,:);
trnout=output(1.trnind,:);
tstout=output(trnind+1:end,:) ;
% fsrtinp,srtirtd]=sort(tminp);
% neuind=round(linspace(tmind*.1.tmind *.9,9))
% for i=1:size(srtinp,2)
```

```
 % %神经元分类
 % neu_ran{i}=fsrtinp(r0;srtinp(neu_ind,i);srtinp(endj i);
% end


% for i=1: 9,
 % figftre(i)
 % semilogy(srtinp(:,i),10.Aoutput(srtind(:,i)))
 % title(inp_headers{i})
 % corrcoef(trninp(:,i),trnout);
% end


neu_range{1}=[1 1.5 2.0];
neu_range{2}=[0.1 0.15 0.2 0.25];
neu_range{3}=[0.1 0.15 0.2 0.25];
neu_range{4}=[2.2 2.3 2.4 2.5 2.6];
neu_range{5}=[0.05 0.1 0.15 0.2];
neu_range{6}=[8.41 8.42 8.43 8.44 8.45 8.46 8.47 8.48];
neu_range{7}=[0.02 0.04 0.06 0.08 0.1];
neu_range{8}=[0.02 0.04 0.06 0.08 0.1];
neu_range{9}=[10 15 20];
out_neu_rcmge=[O 1 2];
 for j=1:length(neu_range)
   L{j}=zeros(length(neu_range{j})+1,4);
   win_no{j}=zeros(1,length(neu_range{j})+1)
end


for ii=1:10
 % 对于每个训练模式或每个深度的迭代
   for i=1:length(trninp)
     if i==18
   {
       end
```

```
 %通过比较和选择输出值渗透性下降的范围确定获胜的输出神经元
outwinneu=(trnout(i)<=out_neu_range
     );
  %为输出层找到获胜的输出指标
  outwinneu_ind=find(outwinneu);
  if isempty(outwinneu_ind)
   z_out{i}=outwinneu_ind(1)
  else
end
  for j=1:length(neu_range)
  %对于每个SOM层，通过比较和决定输入的子词将落在哪个范围来找到获
  %胜的神经元
  %inpwinneu=(trninp(i,j)<=zneu_range{j})


  %找到那个神经元的指数
  %存储该输入子词的索引
      zwinno{i}(j)=inpwinneu_ind(1);
  else
      zwinno{i}(j)==length(inpwinneu)+1;
  end
  %从输出j层获得输入模式i的神经元
      k=zwinno{i}(j);
  % 计算神经元的no次数是成功的
    win_no{j}(k)=win_no{j}(k)+1;



  %连接权值计算
  %对于每一个获胜的神经元"k"在j层的每一个
  %赢得神经元仅需要一个输出层
  %每次迭代奖励连接权值0.2
  %每个链接的权值为0.1
  %迭代次数为10次
  itemtions for m=1:length(outwiimeu)+1
    if m==z_out{i}
```

```
   L{j}(k,m)=L{j}(k,m)+0.2;
   Ls{j}(k,m)=L{j}(k,m)/win_no{j}(k)
else
   L{j}(k,m)=L{j}(k,m)+0.1;
Ls{j}(k,m)=L{j}(k,m)/win_no{j}(k)
end
end
end
end
end
su=0;
 for i=1:lengh(tstinp)
   for j=1:lengh(neu_range)
       inpwinneu=(tstinp(i,j)<=neu_range{j})
       :inpwinneu_ind=find(inpwinneu);
       if ~isempty(inpwinneu_ind),
           z_win{i}(j)=inpwinneu_ind(1)
       else
           z_win{i}(j)=length(inpwinneu)+1
       end
kw=z_win{i}(j);
U(j,:)=Ls{j}(kw,:);
end
Li_sum=sum(Li)
outwinneu=(tstout(i)<=out_neu range);
outwinneu_ind=find foutwinneu);
if isempty(outwinneu_ind)
 z_out{i}=outwinneuind(l);
else
z_out{i}=length(outwinneu)+1;
end
win_ind(i)=find(Li_sum==max(Li_sum));
succ(i)=(win_ind(i)==zout{i});
su=succ(i)+su
end
```

```
end
win_ind(i)=find(Li_sum==max(Li_sum));
succ(i)=(win_ind(i)==zout{i});
su=succ(i)+su


su_pe=su/length(testinp)*100 bar(1:length(succ),succ)
title('Success for each depth')xlabel('Depth')
ylabel('0<---failure---Success--->1')axis([0 90 -0 21 2])
```

C.18 森林火灾预测

第1部分(LAMSTAR)

```
Reference:Principles of Artificial neural Networks, 3rd
edition by Dr. Daniel Grctupe, Chapter 9
Lamstar.m
clear all;
close all;
clc;
load('forest2.mat');
disp('Training');
X_train=X;
[row,col]=size(X_train);
numSubWords=16;
nBit=8;
alpha=0.9;
tol=le-5;
thresh=0.9999;
flag=zeros(1,numSubWords);
dispCFormingSubWords');
tic; % 确定训练时间
for i=l:size(X_train,2)
tempX=reshape(X_train(:,i),nBit,nBit);
for j=1:numSubWords
if (j<=nBit)
```

```
X_in{i}(j,:)=tempX(j,:);
else
X_in{i}(j,:)=tempX(:j-nBit)';
end
end
check(l,:)=zeros(1,nBit);
for k=1 :numSubWords
for t=1:nBit
if(X_in{i}(k,t)==check(l,t))
X_mrm{i}(k,:)=X_in{i}(k,:)/qrt(sum(X_in{i}(K,:)^2));
else
X_norm{i}(k,:)=zeros(l,nBit);
end
end
end
end
% for i=1:size(X_train,2)
% tempX=reshape(X_train(:,i),nBit,nBit);
% for j=1:numSubWords
% ifj<=nBit
% X_in{i}(j,:)=tempX(j,:);
% else
% X_in{i}Q,:)=tempX(:j-nBit)';
% end
% end
dispCDynamic Allocation of neurons');
i=1;
ct=l;
% while(i<=numSubWords)
% i=l;
% ct=i;
% while (i<=numSubWords)
cl=0;
for t=1:nBit
    if(X_norm{ct}(i,t)==0)
```

```
        cl=cl+1
    end
end
disp('Weights')
if(cl==nbit)
Z{ct}{i}=0;
elseif(flag(i)==0)
W{i}(:,ct)=rand(nBit,1);
flag(t)=ct;
W_norm{i}(:,ct)=W{i}(:,ct)/sqrt(sum(W{i}(:,ct).^2));
Z{ct}(i)=X_norm{ct}(:,i)*W_norm{i};
while(Z{ct}(i)<=(1-tol))
    W_norm{i}(:,ct)=W_norm{i}(:,ct)+alpha*(X_norm{ct}(:,i)'
    -W_norm{i}(:,ct));
    Z{ct}(i)=X_norm{ct}(:,i)*W_norm{i}(:,ct);
end
end
r(ct,i)=1;
i=i+1;
end
r(ct,:)=1;
ct=ct+1;
while(ct<=size(X_train,2))
    for i=1:numSubWords
        cl=0;
        for t=1:nBit
    if(X_norm{ct}(i,t)==0)
       cl=cl+1;
    end
end
if(cl==nBit)
    Z{ct}(i)=0;
else
    r(ct,i)=flag(i);
    r_new=0;
```

```
    for k=1:max(r(ct,i)),
        Z{ct}(i)=X_norm{ct}(:,i)*W_norm{i}(:,ct);
        if Z{ct}(i)>=thresh
            r_new=k;
            flag(i)=r_new;
            r(ct,i)=flag(i);
            break;
        end
    end
    if(r_new==0)
        flag(i)=flag(i)+1;
        r(ct,i)=flag(i);
       W{i}(:,r(ct,i))=rand(nBit,1);
       %flag(i)=r
W_norm{i}(:,r(ct,i))=W{i}(:,r(ct,i))/sqrt(sum(W{i}(:,r(ct,
i)).^2));
 Z{ct}(i)=X_norm{ct}(:,i)*W_norm{i}(:,r(ct,i));
while(Z{ct}(i))<=(1-tol))
W_norm{i}(:,r(ct,i))=W{i}(:,r(ct,i))+alpha*(X_norm{ct}(i,:)'
-W_norm{i}(:,r(ct,i)));
 Z{ct}(i)=X_norm{ct}(:,i)*W_norm{i}(:,r(ct,i));
 end
end
    end
end
ct=ct+1;
end
save W_norm
%连接权值
outNum=size(y,2);
ct=1;
m_r=max(r)
%W_norm{i}(:,r(ct,i))=W{i}(:,r(ct,i))/sqrt(sum(W{i}(:,r(ct,
i)).^2));
%Z{ct}(i)=X_norm{ct}(:,i)*W_norm{i}(:,r(ct,i));
```

```
%while(Z{ct}(i))<=(1-tol)),
%W_norm{i}(:,r(ct,i))=W{i}(:,r(ct,i))+alpha*(X_norm{ct}(i,:)'
-W_norm{i}(:,r(ct,i)));
% Z{ct}(i)=X_norm{ct}(:,i)*W_norm{i}(:,r(ct,i));


if exist('C:\Users\SriRamKumar\Downloads
Mamstar\L_w.mat','file')
load L_w;
else
for i=1:numSubWords
L_w{i}=zeros(m_r(i),outNum);
end
end
ct=1;
disp('Output');
Z_out=zeros(size(X_train,2),outNum);
while (ct<=size(X_train,2))
L=zeros(size(X_train,2),outNum);
for i=1:numSubWords
% count=size(find(r(:,i)==r(ct,i)),1);
if(r(ct,i)==0)
for j=1:outNum
if (y(ct,j)==0)
L_w{i}(r(ct,i)j)=L_w{i}(r(ct,i)j)-20;
%L_w{i}(r(ct,i)j)=(L_w{i}(r(ct,i),j)/count)-20;
else
L_w{i}(r(ct,i),j)=L_w{i}(r(ct,i)j)+20;
%L_w{i}(r(ct,i)j)=(L_w{i}(r(ct,i)j)/count)+20;
end
end
L(1,:)=L_w{i}(r(ct,i),:);
%L(1,:)=L_w{i}(r(ct,i),:)/cout;
end
end
```

```
%Z_out(ct,i)=sum(L);
ct=ct+1;
end
t=toc;
save L_w
disp(['training done in' num2str(t)'sec']);


Testing_LM
Testing_LMm
function Testing_LM
clear all;
load W_norm
loadL_w
load('forest2.mat');
```

第2部分(CNN)

```
clear all;
close all;
clc;
load ('forest2.mat');
[testsrow,testcol]=size(tsdata);
[trainrow,traincol]=size(trdata);
tsdata=double(reshape(tsdata',8,8,testcol));
% test col size is 64 and its reshaped as 8 x8
trdata=double(reshape(trdata',8,8,traincol));
% train col size is 64 and its reshaped as 8 x8
tslabel=double(tslabel'); %testing label
trlabel=double(trlabeV); %training label
rand(state',0)
for i=1:25 % max number of iterations or epochs is not greater
than 25
cnn=0;
cnn.layers={% CNN structure
```

```
sruct('type','i') %input layer is 8 ×8
struct('type','c','outputmaps',8,'kemelsize',5) %design of
% the convolution layer done by toolbox
struct('type','s','scale',2) %subsampling layer
% with subsample window size as 2 × 2
% with pooling layer size as 2 ×2
%struct('type','c','outputmaps',15,'kemelsize',2)
% Convolution layer
};
opts.numberepochs=i;
opts.a=0.85; % alpha is 0.85 or the learning rate is 0.85
opts.bs=8;
cnn=cnnsetup(cnn,trdata,trlabel);
cnn=cnntrain(cnn,trdata,trlabel,opts);
er(i)=cnntest(cm,tsdata,tslabel); %error
disp('Convolutional Neural Network');
end
save er;
%plot mean squared error
plot(er,'LineWidth',2);
ylabel('Mean squared error(%)');
xlabel('Number of epoch'};
cnnapplygrads.m
function net=cnnapplygrads(net,opts)
for 1=2:numel(net.layers)
ifstrcmp(net.layers{l}.type,'c')
for j=1:numel(net.layers{l}.a)
for ii=1:numel(net.layers{l-1}.a)
net.layers{l}.k{H}{i}=net.layers{l}.k{ii}{j}-opts.alpha*
net.layers{l}.dk{ii}{j};
end
net.layers{l}.b{j}=net.layers{l}.b{j}-opts.alpha*
net.layers{l}.db{j};
end
end
```

```
end
net.ffW=net.ffW-opts.alpha*net.dffW;
net.ffb=net.ffb-opts.alpha*net.dffb;
end
cnnbp.m
function net=cnnbp(net,y)
n=numel(net.layers);
%error
net.e=net.o-y;
% loss function
net.L=1/2*sum(net.e(:),A2)/size(net.e,2);
%% backprop deltas
net.od=net.e.*(net.o.*(1-net.o)); %output delta
net.fvd=('net.ffW'*net.od); %feature vector delta
if strcmp(net.layers{n}.type,'c') %only corn lexers has sigm
% function
net.jvd=net.Jvd.*(net.jv * (1 - net.fv));
end
%reshape feature vector deltas into output map style
sa=size(net.layers{n}.a{1});
fvnum=sa(1)*sa(2);
for j=1:numel(net.layers{n}.a)
net.layers{n}.d{j}=reshape(net.Jvd(((j-1)*Jvnum+1):j
*jvnum,:),sa(1),sa(2),sa(3));
end
for l=(n-1):-1:1
if strcmp(net. layers{l}.type,'c')
for j=1:numel(net.layers{l}.a)
net.layers{l}.d{j}=net.layers{l}a{j}.*(J-
netJayers{l}.a{j}).*(expand(net.layers{l+1}.d{j},
[net.layers{l+1}.scale,net.layers{l+lj.scalel})/
net.layers{l+l}.scde,A2);
end
elseifstrcmp(net.layers(lj.type,'s')
for i=1:numel(net.layers{l}.a )
```

```
z=zeros(size (net.layers{l}.a{l}));


for j=1:numel(net.layers{l+1}.a)
z=z+convn(net.layers{l+1}.d(j),rot180(net.layers{l+l}.
k{i}{j},'full");
end
net.layers{l}.d{i}=z;
end
end
end
%% ca;c gradients
for l=2:n
 if strcmp(net.layers{l}.type,'c')
for j=1:numel(net.layers{l}.a)
for i=1:numel(net.layers{l-1}.a)


net.layers{l}.dk{i}{j}=convn(flipall(net.layers{l-l}.a{i});
net.lqyers{l}.d{1},'valid')/size(net,layers{l},d{j},3);
end
net.layer{l}.db{j}=sum(net.layers{l}.d{j}(:)/size(net.laye
rs{l}.d{j},3));
end
end
end
net.dffW=net.od*(net.fv)'/size(net.od,2);
net.dffb=mean(net.od,2);
function X=rotl80(X)
X=flipdim(flipdim(X,1),2);
end
end


function net=cnnff(net.x)
```

```
n=nume(net.layers);
net.layers{1}.a{1}=x;
inputmaps=1;
```

C.19 市场微观结构中价格走势预测

LAMSTAR-1的部分源代码(包括网络初始化和主输出的代码部分)见《人工神经网络原理(第三版)》的第247页和249-253页。

C.20 故障检测

```
    function n=findpeaks(x)
        %FindPeaks
        %n=findpeaks(x)
     n=find(diff(dxff(x)>0)<0);
     u=find(x(n+1)>x(n));
     n(u)-n(u)+1;


     function imf=emd(x)
%经验模式分解n (Hilbert-Huang Transform)
% imf=emd(x)
% Func:findpeaks
x=transpose(x(:));
imf=[];
while ~ismonotonic(x)
    x1=x;
    sd=Inf;
    while(sd>0.1|~isimf(x1))
        s1=getspline(x1);
        s2=-getspline(-x1);
        x2=x1-(s1+s2)/2;
        sd=sum((x1-x2).^2)/sum(x1.^2);
x1=x2;
    end
```

```
    imf{end+1}=x1;
    x=x-x1;
end
imf{end+1}=x;
function u=ismonotonic(x)
 u1=length(findpeaks(x))*length(findpeaks(-x));
 if u1>9u=0;
 else
 u=1;end
 N=length(x);
 u1=sum(x(1:N-1).*x(2:N)<0);
 u2=length(findpeaks(x))+length(findpeaks(-x))
if abs(u1-u2)>1,u=0
else
u=1; end


function s=getspline(x)
    N=length(x);
    p=findpeaks(x);
    s=spline([0 p N+1],[0 x(p) 0],1:N);
    filenamein='D:\Temp
    Downloads\ae\steelAE_Inner_400kHz_set1_10Hz.txt';
    filenamein='D:\Temp
    Downloads\ae\steelAE_Outer_400kHz_set2_10Hz.txt';
    filenamein='D:\Temp
    Downloads\ae\steelAE_Healthy_400kHz_set1_10Hz.txt';
    filenamein='D:\Temp
    Downloads\ae\steelAE_Cage_400kHz_set1_10Hz.txt';
    filenamein='D:\Temp
    Downloads\ae\steelAE_Ball_400kHz_set1_10Hz.txt';
    [inner,~.~]=importdata(filenamein);
[outer,~.~]=importdata(filenameout);
[cage,~.~]=importdata(filenamecage);
[ball,~.~]=importdata(filenameball);
```

```
[healthy,~.~]=importdata(filenamehealth);
innerimf=emd(inner);
outerimf=emd(outer);
cagerimf=emd(cage);
healthimf=emd(health);
[row,col]=size(innerimf)
innersubword=[row,9];
for i=1:3
   rms=rms(innerimf(1,:));
   kurt=kurtosis(innerimf(1,:));
   p2p=p2p(innerimf(1,:));
   innersubword(i,:)=(rms kurt p2p);
end
innersubword reshape((innersubword),9,1);
[row,col]=size(innerimf);
outsubword=[row,9];
for i=1:3
   rms=rms(cageimf(1,:));
   kurt=kurtsis(cageimf(1,:));
   p2p=p2p(cageimf(1,:));
   cagesubword(i,:)=(rms kurt p2p);
end
cagesubword=reshape((cagesubword),9,1);
[row,col]=size(ballimf);
cagesubword=[row,9];
for i=1:3
   rms=rms(ballimf(1,:));
   kurt=kurtsis(ballimf(1,:));
   p2p=p2p(balllimf(1,:));
   ballsubword(i,:)=(rms kurt p2p);
end
ballsubword=reshape((ballsubword),9,1);
[row,col]=size(heaalthimf);
healthsubword=[row,9];
for i=1:3
```

```
   rms=rms(healthimf(1,:));
   hurt=kurtsis(healthimf(1,:));
   p2p=p2p(healthimf(1,:));
   healthsubword(i,:)=(rms hurt p2p);
   end
healthsubword=reshape((healthsubword),9,1);
final=[innersubword';outersubword';
cagesubword';ballsubword';healthsubword'];
traindata=final(24,:);
testdata=final(25:40,:);
```